油田企业强“三基”实战型培训系列教材

油田采出水处理技术

丛书主编　张庆生
本书主编　李中超　尚红超

中国石化出版社
·北京·

内 容 提 要

本书为《油田企业强“三基”实战型培训系列教材》之一，系统总结了油田采出水处理领域的技术体系与系列成果。全书共分八章，主要包括油田采出水处理概述、油田采出水相关标准、除油技术、混凝沉降技术、过滤技术、药剂投加技术、自动化控制技术、新工艺与新技术等。根据油田采出水特点，对采出水的除油、混凝沉降、过滤、全过程药剂投加及其自动化控制进行了重点介绍，同时列举了常见生产问题及处理措施。

本书可作为从事油田采出水工艺的技术人员和管理人员的培训或继续教育教材使用，也可供石油工程专业相关科研工作者、生产管理人员以及石油院校师生学习参考。

图书在版编目(CIP)数据

油田采出水处理技术 / 李中超，尚红超主编.
北京 ：中国石化出版社，2025. 8. --(油田企业强“三基”实战型培训系列教材). --ISBN 978 -7 -5114 -8065 -1

Ⅰ. TE35

中国国家版本馆 CIP 数据核字第 2025DF1377 号

中国石化出版社出版发行

地址:北京市东城区安定门外大街 58 号
邮编:100011　电话:(010)57512500
发行部电话:(010)57512575
http://www. sinopec-press. com
E-mail:press@ sinopec. com
北京科信印刷有限公司印刷
全国各地新华书店经销

*

787 毫米×1092 毫米 16 开本 10 印张 208 千字
2025 年 8 月第 1 版　2025 年 8 月第 1 次印刷
定价：48. 00 元

编写指导委员会

主　任： 张庆生

副主任： 蔡东清　王　飞　王德宇　李中超　曹英斌　段金宝

成　员： 陈东升　朱机灵　章　胜　祖钦先

编写委员会

主　任： 李中超

副主任： 冯　逍　尚红超　董玉斌

成　员： 李石权　杨彩梅　张三辉　杨中明　李庭森　李维涛　郭建伟　张献军　苏三宝　薛松松　吉　斌　宋凤英　杨玮芬

序　　言

习近平总书记指出，“能源的饭碗必须端在自己手里”。中国石化牢记殷切嘱托，大力实施人才强企战略，聚焦人才布局与业务发展，加快打造能源化工领域重要人才集聚中心和创新高地，以人才大发展支撑引领公司建设世界领先企业。

中原油田作为国有特大型能源企业，自1975年发现以来，始终胸怀“国之大者”，坚定扛起保障国家能源安全核心职责，加大油气勘探和增储上产力度，加强复杂断块油田及高含硫气田开发技术研究和难题攻关，形成一批关键核心技术和创新成果。为系统总结各专业领域的核心技术和实践经验，推动技术转化与经验传承，在油田发现50周年之际，中原油田组织编写了这套《油田企业强“三基”实战型培训系列教材》。谨以本套丛书向油田献礼！

本套丛书集中了中原油田各专业技术领域多年来的研究成果，是历代专业技术技能人员智慧的结晶，内容涉及油田地质勘探、油藏开发、工程技术，以及高含硫气田开发等领域，围绕科研、生产实际业务和操作项目设置，涵盖技术规范和操作规程，大量引用实例分析，写我所干、干我所写，体现了实战化特点，具有鲜明的中原特色。本套丛书既可以作为岗位工作人员的工具书和操作规范，也可以用作青年人才提升实际工作能力的培训教材。

国以才立、企以才兴。本套丛书是推动产业链、人才链、培训链“三链”融合的重要载体，是人才培养和人才梯队建设的重要基础，是聚力建设“人才支撑型”油田的重要抓手。希望广大读者能够借助本丛书深入掌握油田技术精髓，传承实践经验，在学习与实践中不断探索创新，助力油田在奋进50载，取得辉煌成果的基础上，百尺竿头更进一步，启航新征程，推动油田高质量发展行稳致远。

沉淀镌刻匠心，精工擘画宏图。本套丛书要根据油田发展需要在实践中不断丰富完善，为人才职业成长与行业技术发展赋能，为端牢能源饭碗与保障能源安全再立新功、再创佳绩。

张庆生

2025年5月

前　言

中原油田作为中国石化集团公司第二大油气田，已经成为我国东部地区重要的石油天然气生产基地。随着二次、三次采油的进行，中原油田东濮老区水驱、CO_2驱采出水pH值低、游离CO_2含量高、矿化度高、腐蚀性强，给采出水处理回注带来众多难题。为适应来水水性变化，东濮老区水处理工艺经历了四防药剂应用、水质改性、预氧化水处理和低污泥处理四个发展阶段，形成了适合东濮老区采出水处理的系列技术。

今年恰逢中原油田发现50周年，油田组织编写《油田企业强“三基”实战型培训系列教材》，旨在固化成果，传承经验，培养人才，推动创新。本书基于中原油田采出水处理领域的生产实践成果和技术集成所得首次进行编写，系统总结了油田采出水处理领域的技术体系与系列成果，根据油田采出水特点，对采出水的除油、混凝沉降、过滤、全过程药剂投加及其自动化控制进行了重点介绍。本书注重理论与实践的紧密结合，注重实用性和指导性，结合典型案例剖析，形成了具有指导意义的应用集成，同时列举了常见生产问题及处理措施，旨在为行业提供实践指导，从而进一步推动油田采出水处理技术的进步和发展。

本书可供本专业领域工程技术等人员学习参考，也可作为新员工、青年技术人才提升业务能力的培训教材使用。因编写人员水平有限，书中或存错漏之处，望读者多提意见以完善。

本书编写委员会

2025年5月

目　　录

第一章　油田采出水处理概述

油田的早期开发压力主要来自油层自有能量，即一次采油，采收率较低。为提高采收率，我国大部分油田通过注水等方式提高油层压力，即二次采油。随着油田的不断开发，采出水量逐渐增加，采出液含水率逐渐升高，部分油田已超90%。不仅如此，在油田开发中，高盐地层水、措施作业废水、含大量缓蚀剂等助剂的生产废液共同采出，复杂程度进一步增加、处理难度进一步加大。采出水处理后回注油层，不仅可消除对生态环境的影响，同时也可减少外部水源补充，节约水资源。

第一节　油田采出水的来源

油田采出水受地质特点、原油性质、开采方式等多种复杂因素影响，不同地点和不同类型的油田采出水，其主要污染物类型及含量会有较大差异，决定了处理方法的复杂性。油田采出水一般作集中处理。

在石油的形成、迁移和储存过程中，水是主要天然伴生物质。在油田勘探和开发的早期阶段，原始地层的能量能够将石油、天然气和水推至井底，并自喷至地面，这种开采方式被称为一次采油。一次采油期间，采出液含水率相对较低。然而，如果油藏的封闭性良好，边水补给不足，原始地层能量会迅速减少，导致一次采油方式难以持续。为了提高采收率，需要向地层注入能量，这通常通过二次采油实现，包括注水和注气等方法。目前，全国大多数油田采用注水开发方式。但随着注水时间的延长，采出液含水率会逐渐上升。在原油外输前，必须将其中的水分脱除。由于脱除的水是在油田开采过程中产生的，因此被称为采出水。

采出水的主要特征污染物是原油、化学需氧量(COD)、悬浮物等。为满足输送和油水分离需要，油田采出水温度较高，一般在30～70℃。采出水的矿化度较高，一般为几千到几万毫克每升，甚至十几万到几十万毫克每升。不同的油藏、不同的开采工艺、不同时期的采出水水质有较大的差别。在油田开采过程中，为满足采油、输送、脱水的要求，常加入各种化学药剂，包括驱油剂、降黏剂、破乳剂等，多数为有机高分子化合物。这些药剂会有部分进入后续的含油采出水中，增加污染物含量，特别是COD含量。此外，采出水还含有各种微生物，主要包括铁细菌(IB)、腐生菌(TGB)、硫酸盐还原菌(SRB)等，易腐蚀管线、堵塞地层。由于地层中可能存在矿物质，采出水中会含有相应的金属离子。

油田开发初期，采出液含水率较低，但随着开采时间的延长，进入油田开发的中后期，采出液含水率将达到90%，即随着开采年限的增加，采出水产生量总体呈逐渐上升的态势。

综上所述，油田采出水的特点主要表现在以下几个方面：

(1)含油，特别是稠油采出水和含聚合物采出水，油水分离难度大，油含量高。

(2)含悬浮物，一般含有较多的悬浮物，是一种比较稳定的胶体体系。

(3)含采油助剂，组成复杂，含有驱油、降黏、缓释等各种外加的化学药剂。

(4)含微生物，主要包括铁细菌、腐生菌、硫酸盐还原菌，易腐蚀管线、堵塞地层。

(5)矿化度高，含有大量的无机离子，特别是易于结垢的成垢离子浓度高。

第二节　油田采出水的性质

一、油田采出水的物质组成

油田采出水组成比较复杂，大体可分为无机物、有机物和微生物三大类，主要包括原油，在高温、高压油层中溶解的各种盐类和气体，在采油过程中从油层里携带的大量悬浮固体，在采油、油气集输、原油脱水过程中投加的各类化学药剂，大量的微生物及适宜于其生长繁殖的有机物。根据这些物质分散在采出水中的基本颗粒尺寸，可将其分为不溶物质(>1nm)和溶解物质(<1nm)。

(一)不溶物质

悬浮物是油田采出水中分散体系微粒较大的一些胶体颗粒和悬浮颗粒的统称。主要包括原油、悬浮固体、胶体、微生物等。

(1)原油。采出水中的原油以大小不等的油珠分散在采出水中。从显微镜下观察，绝大部分以微小的油珠分散在采出水中。根据分散在水中油珠粒径的大小，可分为以下四种状态：

①浮油(粒径大于100μm)。稍加静置即可浮升至水面，很容易被去除。

②分散油(粒径为10～100μm)。采出水中此部分油珠尚未形成水化膜，彼此间还有相互碰撞变大的可能，依靠油水相对密度差实现上浮分离，但需要足够的静置时间使其浮升至水面。在油田采出水处理过程中，为了加快分散油上浮速度，通常加入一定量的混凝剂。

③乳化油(粒径为0.1～10μm)。具有一定的稳定性，单纯用静置的方法很难使油水分离，在处理时必须加入破乳剂、混凝剂。

④溶解油(粒径小于0.1μm)。此类油珠的粒径小于可见光的平均波长(0.56μm)，分散在水中，肉眼不可见，故称溶解油。在处理时难度较大，可采用生物化学、化学吸附、膜过滤等方法。

油田采出水含油量一般为200～5000mg/L，其中90%左右为粒径在10～100μm的分散油和粒径大于100μm的浮油，其含量的高低与原油性质、破乳剂的使用及采油工艺等因素有关。

(2)悬浮固体。悬浮固体通常是指在水中不溶解而又存在于水中不能通过过滤器的物质。按其粒径大小分为三个基本粒级：泥质($d<10\mu m$)、粉质($d=10\sim100\mu m$)、砂质($d>100\mu m$)。在测定其含量时，所用的过滤器的孔径对测定的结果影响很大。SY/T 5329—94《碎屑岩油藏注水水质推荐指标及分析方法》中规定悬浮固体是指采用平均孔径为0.45μm的纤维素酯微孔膜过滤，经汽油或石油醚溶剂洗去原油后，膜上不溶于油水的物质。因此油田采出水中的悬浮固体主要包括泥沙、各种腐蚀产物及垢、细菌残体、胶质沥青类和石蜡等重质油类。其含量高低与油层物性、开采工艺等有关。一般油田采出水中悬浮固体颗粒直径为1～10μm。

(3)胶体。油田采出水中的胶体一般指细小的固体颗粒和液体微滴，这些微小颗粒悬浮在水中形成胶体系统。常见的胶体颗粒包括油滴、黏土颗粒、大分子有机物质等。

(4)微生物。油田采出水中的微生物主要是指硫酸盐还原菌、铁细菌、腐生菌、产甲烷菌、硝化菌和反硝化菌等。这些菌是由多数细胞连接而成的单丝状，或具有短侧枝的丝状群体，称为丝状细菌，丝状细菌一般长0.5～2μm，长度因种类不同而异。

(二)溶解物质

溶解物质是指溶解于水中形成真溶液的低分子量分子及离子物质，主要包括溶解在水中的气体如O_2、CO_2和H_2S等；还有溶解在水中的无机盐类，主要以阴离子和阳离子形式存在于水中，其粒径都在1nm以下，如Ca^{2+}、Mg^{2+}、K^+、Na^+、Fe^{2+}、Fe^{3+}，Cl^-、HCO_3^-、CO_3^{2-}、SO_4^{2-}等。因此油田采出水的矿化度与溶解在采出水中的阴阳离子的浓度有关。通常将测定氯化物或氯根离子的含量作为采出水的矿化度(氯化物盐类极易溶解)。一般油田采出水的矿化度都较高，例如大庆油田、辽河油田在2500mg/L左右，胜利油田为5000～70000mg/L，中原油田、江汉油田、新疆油田有些油区可高达200000mg/L。

油田采出水的成分构成复杂，具有以下特点：

(1)有较高的油藏伤害性。对于中低渗透性油藏，对外来流体中的固体物质含量及颗粒粒径分布非常敏感。如固体含量高，会形成“栓塞”，造成油层渗透率下降，注水井压力升高，油井产量降低，原油生产成本提高，油水井作业周期缩短。

(2)较强的腐蚀性。由于油田采出水矿化度高，又含有腐蚀性物质，如溶解O_2、H_2S、CO_2和细菌(硫酸盐还原菌、腐生菌和铁细菌)，因而具有较强的腐蚀性。

(3)一定的结垢性。油田采出水为高矿化度介质，采出水中含有大量的Ca^{2+}、Mg^{2+}、

HCO_3^-、CO_3^{2-}、SO_4^{2-}等离子，压力、温度等发生变化时，会形成碳酸钙、硫酸钙等。

二、油田采出水的物理性质

（一）温度

水温影响水的结垢趋势、水的 pH 值以及有关气体在水中的溶解度。水温过低采出水不易处理。同时水温对腐蚀也会有一定影响，一般情况下，水温升高，腐蚀将加剧。

（二）密度

油田采出水的密度与水中溶解物质的含量、水的温度、水所承受的压力有关。密度随水温升高而降低，随含盐量的增多而升高，根据 API RP 45—1998《油田水分析推荐规程（第三版）》的数据为温度每变化1℃，密度变化0.2kg/m^3；含盐量每变化1000mg/L，密度变化0.8kg/m^3。

油田采出水的相对密度是指采出水的实际密度与纯水密度的比值，一般相对密度均大于1.0，也是水中溶解固体总量的直接标志，用相对密度能计算出采出水中溶解固体的相对量。

（三）黏度

黏度是液体分子间的摩擦力，是液体层间相对运动时反映阻力大小的一个指标。它是导致水头损失的基本因素之一，所以在水处理中起着重要作用。黏度受温度、溶解盐含量的影响：

（1）压力一定时，温度增高，黏度减小；

（2）溶解盐浓度增大，黏度增大；

（3）温度一定时，压力升高，黏度增大。

（四）浊度

由于分散于采出水中悬浮物质的含量不同，采出水的浑浊度不同；浊度值以光的散射强度决定，并与悬浮物质的浓度成比例。浊度高意味着水不“清洁”，标志着地层被堵塞的可能性大，因此油田采出水的浊度也应当测定、控制。

（五）表面张力

两相间的交接处叫作界面，有气相参与构成的界面称表面，界（表）面两侧由于分子作用力不同而形成表面张力（又称界面张力）。水的表面张力随水温升高而降低。

纯水的表面张力随含盐量的增加而缓慢增长。有的物质加入水中可减小表面张力，常称该物质为表面活性剂。油田采出水的表面张力与温度和含盐量的关系，与纯水是一致的。由于油田采出水中含有在采油和集输工艺过程加入的破乳剂，因此，不同油田采出水的表面张力差异很大。

油水界面张力是油田采出水十分重要的表面性质之一，是衡量采出水乳化程度的重要指标，油水界面张力越大，采出水中油粒越易于聚结；反之，油水界面张力越小，则采出水中油粒越不易于聚结。采取物理的或化学的方法改变油水界面张力或改变油水界面性质是提高油田采出水处理效率的重要方法。

三、油田采出水的化学性质

（一）pH 值

油田采出水的 pH 值是判断腐蚀与结垢的重要因素之一，因为某些水垢的溶解度与水的 pH 值有密切关系。一般地，水的 pH 值越高，结垢的趋势就越大；pH 值越低，结垢的趋势就越小。但结垢和腐蚀往往是一对矛盾体，因此，结垢趋势减小的同时，腐蚀往往会增加。当酸性气体 H_2S 和 CO_2 溶于水中时，水的 pH 值降低。

（二）溶解性

大多数矿物质溶于水，许多气体和有机物质也溶解于水。

(1)溶解气体。油田采出水中溶解的主要气体有 O_2、N_2、CO_2、H_2S、CH_4。前三种都是大气的组成部分，后两种则主要由有机物分解产生。不同的气体在水中的溶解度不同；同一气体，在不同的温度、压力下溶解度也不同。压力不变时，温度越高，气体的溶解度越小，到沸点时多数气体在水中溶解度降为零。温度不变时，气体在水中的溶解度与该系统的压力成正比。混合气体，则同该气体的分压力成正比。

水中含盐量对气体的溶解度也有影响，一般含盐量增大时，气体的溶解度略有减少。

(2)溶解液体。由于水分子具有极性，因而某种液体在水中的溶解度与其分子的极性有关。例如：—OH（如乙醇、糖类）、—SO_3基和—NH_2的分子极性很强，很容易溶解于水中，而另一些非极性液体[如碳氢化合物、四氯化碳（CCl_4）、油和酯类等]则很难溶解。

(3)溶解固体。固体的溶解度是按给定质量溶剂中所能存在的溶质的量确定的，其只在结晶物质的条件下有精确数值。对于个别大分子而言，在结晶体和相应的饱和溶液之间不存在精确的平衡，当其由固态逐渐过渡到液态时，其物理性质的改变往往是连续进行的。例如部分水解聚丙烯酰胺，没有精确的溶解度值，这种高分子物质溶于水往往形成胶体溶液。

固体在水中的溶解量，一般随温度的升高而增加，但某些物质，如 $CaCO_3$ 则相反。$CaCO_3$ 在温度小于 38℃时，溶解量随温度升高而增加，高于 38℃时则相反。

物质在水中没有绝对不溶解的，只是溶解度大小的差异，难溶物在水中溶解过程和沉淀过程是可逆平衡的，如：

$$CaCO_3 \rightleftharpoons Ca^{2+} + CO_3^{2-}$$

$$Mg(OH)_2 \rightleftharpoons Mg^{2+} + 2OH^-$$

通式为：

$$A_nB_m \rightleftharpoons nA^+ + mB^-$$

平衡时：

$$K=\frac{[A^+]^n[B^-]^m}{A_nB_m}$$

由于 A_nB_m 是难溶化合物，它的浓度变化极微，所以，可视为一个常量，并入常数 K 中，得出

$$K_{sp}=K[A_nB_m]=A^nB^m$$

称 K_{sp} 为溶度积。水中离子实际的溶度积（$[A_nB_m]$）大于 K_{sp} 则有沉淀生成，小于 K_{sp} 则继续溶解。

四、油田采出水的微生物特性

尽管油田采出水的温度高、含盐量高，不利于细菌生存，但仍然存在细菌，如硫酸盐还原菌、铁细菌及黏液形成的腐生菌等。这些细菌具有体积小、分布广、繁殖快，便于培养和容易发生异变的特点，能引起采出水处理设备及注水设备的腐蚀，又能引起地层的堵塞，所以在油田采出水处理过程中应监测细菌的生长情况。细菌的主要组成部分是蛋白质、核糖、核酸，当在水中加入一定浓度的化学药剂（如氧化剂、醇类、酚类、甲醛、铵盐等）时，细菌蛋白质会凝固，发生变性或沉淀，使细菌难以生存、繁殖，这是采出水处理过程中抑制细菌生存、繁殖的基本方法。

（一）硫酸盐还原菌

硫酸盐还原菌将乳酸或丙酮酸等有机物质作为电子供体，在缺氧条件下将硫酸盐、亚硫酸盐和硫代硫酸盐等化合物还原成硫化氢。这类细菌以其广泛的底物适应性、极快的生长速度和含有抗氧酶的特性著称，这些特性使其能够在多样的环境中生存并展现出顽强的生命力。在油田采出水中，硫酸盐还原菌的生长条件相对宽松，其能在 pH 值 5.5～9.0 的范围内生长；温度适应性也较广，中温型菌株适宜生长的温度范围是 20～50℃，而高温型菌株则能在 60～90℃的环境中存活。此外，它们还能在高达 30MPa 的压力下，在油田采出水中生存。硫酸盐还原菌常附着于各种物体表面，如管道、储罐、容器过滤器以及系统死角、水流停滞区域或垢下等隐秘的地方，以菌落形式生长。硫酸盐还原菌能够将地层和化学添加剂中的硫酸盐转化为 H_2S，而 H_2S 在水中溶解后具有较强的腐蚀性，能够腐蚀铁并产生黑色的 FeS 沉淀。因此，在油田采出水处理过程中，控制硫酸盐还原菌的生长和繁殖，对于减少腐蚀和沉淀至关重要。

（二）铁细菌

铁细菌是一种能使二价铁氧化成三价铁并从中得到能量的一群菌落，如锈铁菌属、纤毛铁细菌属等都属于好氧型铁细菌。油田采出水中的铁细菌能从氧化二价铁离子中获得能量，形成大量 $Fe(OH)_3$，可在细菌膜鞘的内部或外部储存，造成注水设备及地层的堵塞。同时，它们能分泌出大量的黏性物质，并形成氧浓差腐蚀电池，为硫酸盐还原菌提供局部

厌氧区。由于它们所形成的膜鞘或菌胶团即使加入盐酸也不能完全溶解，所以在油田采出水处理过程中必须严格有效地控制其生长和繁殖。

（三）腐生菌

腐生菌是一类以动植物尸体和腐败物质的有机质为生的有机体，属于好氧型异养细菌，可分泌多种酶从体外消化这些有机质，然后吸收所形成的低分子量化合物，包括许多真菌和细菌。

油田采出水中存在的腐生菌繁殖时，产生的黏性细菌结膜不仅附着力强，而且是一种良好的胶结剂，可以把各种粒径的杂质或某些代谢产物胶结在一起，形成生物垢，累积沉淀可引起管道堵塞，若进入地层则引起地层堵塞，很难用其他方法清除。同时，黏液附着在设备内壁上会形成氧浓差电池，引起钢材点腐蚀并促进硫酸盐还原菌等厌氧微生物的生长和繁殖。因此油田采出水中的腐生菌有恶化水质、增加水体黏度、破坏油层和腐蚀设备等多重副效应，在油田采出水处理过程中必须有效控制其生长、繁殖。

（四）产甲烷菌

产甲烷菌是一类严格厌氧菌，其利用简单的有机化合物（如乙酸、甲酸等）或 CO_2 和 H_2 来产生 CH_4。在油田环境中，产甲烷菌的活动可能会改变油藏中的气体成分，影响油藏的压力平衡。

（五）硝化细菌

硝化细菌包括亚硝酸菌和硝酸菌。亚硝酸菌能将氨氧化为亚硝酸根，硝酸菌则进一步将亚硝酸根氧化为硝酸根。在油田采出水中，如果存在大量的氨（如来自一些化学药剂的分解或者地层中的含氮化合物），硝化细菌的活动会使水中的酸性增强。而且，硝酸根离子的存在也可能会对金属设备产生一定的腐蚀作用，尤其是在一些特定的条件下，如水中含有其他腐蚀性离子或者在高温环境中。

（六）反硝化细菌

反硝化细菌是一类厌氧菌，其能将硝酸盐或亚硝酸盐还原为氮气。在油田环境中，反硝化细菌的活动可能会影响采出水的水质，如降低水中的硝态氮含量。同时，在反硝化过程中，也可能会对周围的化学环境产生影响，如改变氧化还原电位等，进而影响其他微生物的生长和化学物质的稳定性。

第三节　油田采出水处理的目的与意义

油田采出水处理的目的与意义主要包括以下几个方面。

(一)注水要求

满足国家和行业注水要求。

(二)经济效益

(1)处理后的水可以回注油层，维持地层压力。

(2)降低新鲜水资源的使用量，节约成本。

(3)延长油田开采寿命。

(三)工艺需求

(1)防止采油设备腐蚀。

(2)避免油井结垢。

(3)保护地层，防止堵塞。

(四)资源再利用

(1)实现水资源的循环利用。

(2)节约淡水资源。

(五)社会意义

(1)促进油田可持续发展。

(2)改善周边居民生活环境。

(3)体现企业社会责任。

总的来说，采出水处理是油田生产中不可或缺的环节，对环境保护、经济效益和可持续发展都具有重要意义。

第四节　油田采出水处理的历史现状及趋势

中国油气田的开发历程已逾百年，但将采出水处理技术应用于油气田采出水并进行回注作业的历史只有50～60年。以大庆油田和胜利油田为代表的国内油田，自20世纪60年代起就开始采用采出水处理技术，并将处理后的水用于地层回注。当时的处理技术主要依赖物理方法和基础化学方法，包括混凝除油和重力过滤，这些工艺满足了初期油田注水开发的需求。

进入20世纪70～80年代，重力式采出水处理工艺在国内陆上油田得到广泛应用，这一工艺包括自然除油、混凝沉降和压力过滤三个阶段。处理过程中，首先通过自然收油和初步沉降，然后加入混凝剂进行沉降处理，最后通过压力过滤，确保净化后的水质符合回注标准。

20世纪90年代初，浮选式工艺技术在国内部分油气田开始应用，这一工艺通常从溶气气浮开始，取代了传统的混凝沉降，后端则根据回注要求设置两级过滤。这种工艺以其高效率和自动化程度，在海上和陆上油气田都得到了应用。

90 年代中后期，中原油田与长江大学联合对江汉油田已在应用的“水质改性采出水处理技术”进行研究，并在中原油田成功应用。这项技术显著提高了注水水质，有效控制了水系统的腐蚀问题。然而，它也带来了注水残渣量大和处理成本高的问题。尽管油田在注水残渣的再利用方面进行了大量研究，尝试将其用作修路材料、建筑材料或注水井的调驱剂等，但相关技术尚未成熟，也未形成规模化应用。

自 21 世纪以来，各大油气田不断推进采出水处理技术的研究与应用。胜利油田参考江汉油田在水体改性方面的成功经验，结合自身注水开发的实际需求，在临盘采油厂实施了水体改性技术试验。试验结果显示，水质指标符合当时的 SY/T 5329—94《碎屑岩油藏注水水质推荐指标及分析方法》B3 级标准，有效控制了油田的腐蚀和结垢问题，减轻了地层堵塞，提升了开发效率。中原油田也通过含油采出水除铁降泥和二氧化氯处理等技术，降低了注水残渣量，水质普遍达到了 SY/T 5329—94 A2 级标准。

在新技术的应用方面，胜利油田东辛采油厂采用超滤膜技术，江苏油田真武注水站采用陶瓷微滤膜技术，江汉油田采用磁过滤技术，均取得了显著成效。河南油田则通过深度处理技术，将含油采出水处理成符合标准的软化水，用于蒸汽锅炉，既节约了淡水资源，又保护了环境。这些技术的实施，为油田采出水处理技术的发展提供了广阔的前景。

从全球视角来看，油田采出水处理技术正朝着更加环保和经济的方向发展。在这一领域，微生物处理技术因其在环境保护和资源循环利用方面的优势，已成为最具潜力的技术之一。这种技术不仅满足了生态保护的要求，而且具有明显的经济效益，对油田企业的可持续发展具有重要意义。

随着油田行业的持续发展，相关的法律法规和行业标准也在不断完善。在此背景下，油田采出水处理设备的性能直接影响采出水处理技术的效果。随着技术的进步，采出水处理设备也在不断优化。油田企业应加快设备更新，淘汰老旧设备，与设备制造商紧密合作，引进新技术，确保设备与先进的采出水处理技术相匹配，满足油田采出水处理的需求。

在水处理技术的发展过程中，水处理药剂也在不断创新和优化。现代油田水处理药剂在传统技术的基础上进行了研发和应用。尽管油田水处理药剂种类日益丰富，但在实际应用中仍需积累经验。通过使用更多生物药剂替代传统化学药剂，可以提高水处理技术的环保性能，实现更加绿色、可持续的发展。

第五节　中原油田采出水处理工艺

受沉积环境影响，中原油田东濮老区采出水矿化度总体较高，普遍超过 20 万 mg/L；受阳离子交替吸附、斜长石钠长石化、硬石膏胶结物溶蚀等作用，钙离子浓度高，平均达 5000mg/L；CO_2的溶解及碳酸盐胶结物和钙质岩屑的溶解使 HCO_3^- 含量升高；受 CO_2驱采出水和溶解 CO_2的影响，采出水呈弱酸性，pH 值范围为 4.7 ~ 6.4；储层中黄铁矿和绿泥石胶结物的溶蚀导致总铁和亚铁含量升高。

根据采出水水质以及注水水质执行标准，中原油田12座采出水处理站采用“重力除油+混凝沉降+加压过滤”的处理工艺，1座采出水处理站采用“微生物+膜”处理工艺。

一、重力除油+混凝沉降+加压过滤

油田采出水经管道输送至处理站，首先进入重力除油罐进行除油。除油后的污水经过收油缓冲罐后由提升泵提升至混合反应器在反应器前投加絮凝剂和凝聚剂，充分反应后进入斜板沉降罐进一步沉降分离。沉降后的水经过沉降缓冲罐，由加压泵加压后进入压力过滤罐过滤。过滤后的水进入注水罐在注水罐后加入杀菌剂，由外输泵增压外输至注水站回注地层。具体工艺流程如图1-1所示。

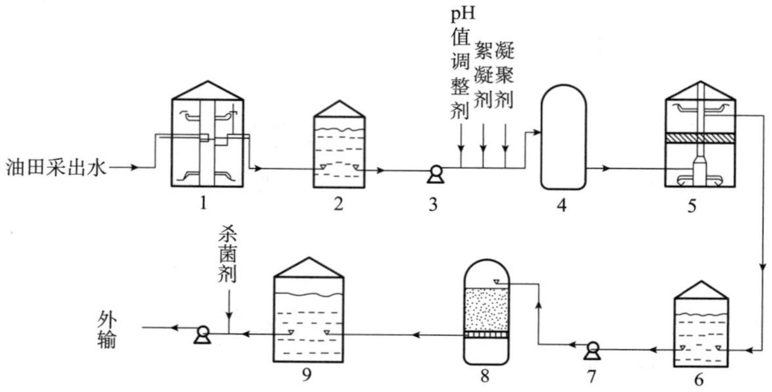

图1-1　重力除油+混凝沉降+加压过滤工艺流程示意图

1—重力除油罐；2—收油缓冲罐；3—提升泵；4—混合反应器；5—斜板沉降罐；6—沉降缓冲罐；7—加压泵；8—压力过滤罐；9—注水罐

该处理工艺采用了预氧化技术、混合加药技术，并实现了处理系统全密闭，以及收油、加药、排污、反洗等处理环节自动化控制，具有工艺系统稳定性强、污泥产率低等优点，处理后水质好，达到石油天然气行业当时的SY/T 5329—94《碎屑岩油藏注水水质推荐指标及分析方法》中水质要求，见表1-1。

表1-1　处理水质标准及实际效果

项目	A2标准	实测值
悬浮固体/(mg/L)	2	1.0
粒径中值/μm	1.5	1.5
含油量/(mg/L)	6	1.2
SRB/(个/mL)	<10	2.5
IB/(个/mL)	$<n\times10^2$	1.0
TGB/(个/mL)	$<n\times10^2$	100
腐蚀率/(mm/a)	0.076	0.036
点腐蚀	轻微	轻微

二、微生物 + 膜过滤

通过在油田采出水中投加筛选出的特种联合菌群，可将水中难降解大分子有机物分解为小分子，促使其对特定污染物的降解能力增加，从而提高采出水处理系统去除难降解化学物质的能力，达到净化污水的目的。微生物处理技术原理见图 1 – 2。

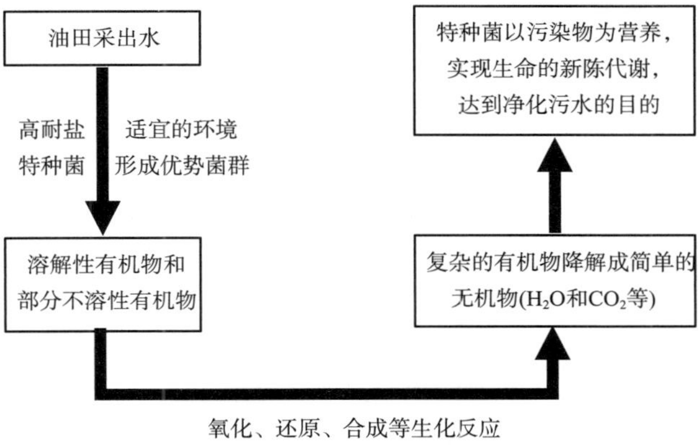

图 1 – 2　微生物处理技术原理

工艺流程：以马寨站为例，微生物 + 膜水处理系统由微生物反应池、低能耗管式超滤膜、曝气系统、投菌装置、超滤循环清洗装置、除氧装置、供电自控系统等组成，来水经过收油罐除油后进入曝氧微生物池，在池内微生物降解含油类物质及其他有机物后进入管式膜过滤，出水进入储水箱投加除氧剂后输送至注水罐外输。

三、水质改性处理工艺

水质改性处理工艺应用于强腐蚀性采出水，适用于含有 CO_2 和 H_2S 等酸性气体、矿化度高、电导率大的采出水。通过投加适量碱剂，调整 pH 值使采出水呈弱碱性，以控制采出水腐蚀性，减缓腐蚀。

油站来水首先进入一次除油罐去除油分，在一次除油罐中，加入破乳剂，帮助乳化油滴聚集和分离。经过一次除油处理后的水进入反应器，在反应器中，加入碱性絮凝剂调节 pH 值，并使水中的悬浮颗粒聚集形成较大的絮体，便于后续沉淀。从反应器出来的水进入混凝沉降罐。在混凝沉降罐中，水中的絮体在重力作用下沉降到罐底，实现固液分离。在混凝沉降罐中加入杀菌剂，防止微生物滋生。经过混凝沉降处理后的水进入缓冲罐，缓冲罐起到稳定水流和水压的作用。水从缓冲罐通过提升泵进入下一个处理阶段。在提升泵处，加入防垢剂，防止管道和设备的腐蚀。经过提升泵处理后的水进入滤罐。滤罐中的过滤介质(如砂、活性炭等)可进一步去除水中的细小颗粒和杂质，使水质更加清澈。经滤罐过滤后的水最终到达注水站。具体工艺流程如图 1 – 3 所示。

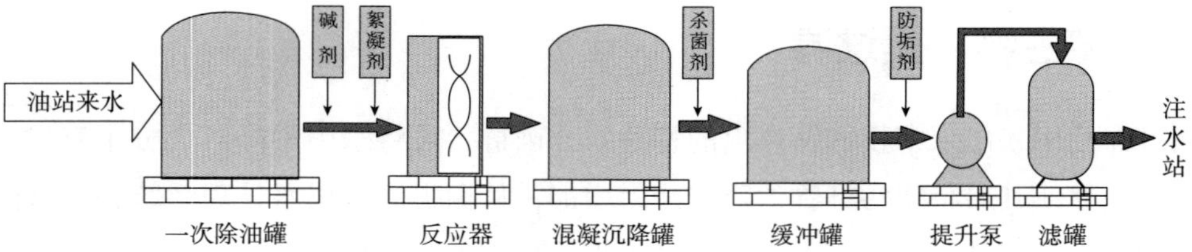

图 1－3　水质改性工艺流程

第二章　油田采出水相关标准

不同油田的地理位置、地质条件、采出水性质、回注要求等都不相同。本章主要介绍中原油田所用标准及检验方法。

第一节　主要控制指标

一、SY/T 5329—2022 碎屑岩油藏注水水质指标技术要求及分析方法

2023 年，我国石油天然气行业标准 SY/T 5329—2022《碎屑岩油藏注水水质指标技术要求及分析方法》开始实施，本次修订是继 1988 年第一版发布之后的第三次修订。该标准规定了碎屑岩油藏注水水源评价、水质指标、水质要求和分析方法，适用于碎屑岩油藏注水水源评价、水质指标制定及注水水质分析。

注水水质应符合以下要求：

(1)注水水质应保持稳定，不应携带大量悬浮固体，对注水设施腐蚀性小，与油层水相混不产生明显沉淀。

(2)注水水质主要控制指标项目包括悬浮固体含量、悬浮物颗粒直径中值、含油量、平均腐蚀率，依据不同空气渗透率对水质的要求，将注水水质分为五个等级(表 2－1)。

(3)注水水质辅助控制项目包括硫酸盐还原菌含量、铁细菌含量、腐生菌含量、溶解氧含量、硫化物含量、总铁含量、亚铁含量、侵蚀性二氧化碳含量、pH 值等。水质主要控制指标已达到注水要求，可以不考虑辅助控制项目；如果达不到要求，为查其原因应进一步检测辅助控制项目。

(4)当注水井配注率大于或等于 100% 时，水质满足注入要求，保持现有水处理工艺流程不变，确保注入水水质稳定。

(5)当注水井配注率介于 80% ～100% 时，宜参考表 2－1 中水质主要控制指标，调整水处理工艺流程，改善注入水水质，提高注水井配注率。

表 2－1　水质主要控制指标

储层空气渗透率/μm²	<0.01	[0.01，0.05)	[0.05，0.5)	[0.5，2.0)	≥2.0
水质标准分级	Ⅰ	Ⅱ	Ⅲ	Ⅳ	Ⅴ
悬浮固体含量/(mg/L)	≤8.0	≤15.0	≤20.0	≤25.0	≤35.0
悬浮物颗粒直径中值/μm	≤3.0	≤5.0	≤5.0	≤5.0	≤5.5
含油量/(mg/L)	≤5.0	≤10.0	≤15.0	≤30.0	≤100.0
平均腐蚀率/(mm/a)	≤0.076				

该标准供参考的水质主要控制指标范围较宽，适用范围较广，所以各油田可根据自身地质条件和水质特性制定适用性更强的企业标准。

二、Q/SH1025 1058—2019 油田开发注水水质指标及分析方法

该标准是中原油田企业标准，规定了碎屑岩油藏注水水质的基本要求、水质指标及检测分析方法，适用于油田东濮凹陷注水水质分析。

注水水源水质应符合以下要求：

(1)水质稳定，与油层水相混不产生沉淀。

(2)水注入油层后不使黏土矿物产生水化膨胀或悬浊。

(3)水中不得携带大量悬浮物。

(4)对注水设施腐蚀性小。

(5)当需注入两种水源时，应先进行室内实验，证实两种水的配伍性好，对油层无伤害才可注入。

规定的注水水质主要控制指标和辅助性控制指标分别见表 2－2 和表 2－3。

表 2－2　东濮凹陷油藏注水水质主要控制指标

储层空气渗透率/μm²		≤0.005	(0.005，0.025]	(0.025，0.05]	(0.05，0.5]	(0.5，1.5]
控制指标	悬浮固体含量/(mg/L)	≤1.0	≤2.0	≤2.0	≤5.0	≤10.0
	悬浮物颗粒直径中值/μm	≤1.0	≤1.5	≤2.0	≤3.0	≤4.0
	含油量/(mg/L)	≤3.0	≤5.0	≤6.0	≤15.0	≤30.0
	滤膜系数 *MF*	20	20	15	15	10
	平均腐蚀率/(mm/a)	≤0.076				
	点腐蚀	试片各面都无点腐蚀				
	硫酸盐还原菌/(个/mL)	≤6	≤10	≤10	≤25	≤25
	铁细菌/(个/mL)	≤10	$\leq 10^2$	$\leq n\times10^2$	$\leq n\times10^3$	$\leq n\times10^4$
	腐生菌/(个/mL)	≤10	$\leq 10^2$	$\leq 10^2$	$\leq n\times10^3$	$\leq n\times10^4$

注：$1<n<10$；
清水水质指标中去掉含油量。

表 2－3　东濮凹陷油藏注水水质辅助性控制指标

辅助性检测指标	控制指标	
	清水	污水或油层采出水
溶解氧含量/(mg/L)	≤1.0	≤2.0
硫化物含量/(mg/L)	≤1.0	≤1.5
pH 值	6.5～7.5	
总铁含量/(mg/L)	≤0.5	
侵蚀性二氧化碳含量/(mg/L)	$-1.0 \leq \rho(CO_2) \leq 1.0$	

注：二氧化碳含量等于零时此水稳定；大于零时此水可溶解碳酸钙并对注水设施有腐蚀作用，小于零时有碳酸盐沉淀出现；

当水中含 Fe^{2+} 时，由于铁细菌作用可将 Fe^{2+} 转化为 Fe^{3+} 而生成氢氧化铁沉淀；当水中含硫化物(S^{2-})时，可生成硫化亚铁沉淀，使水中悬浮物增加；

水质的主要控制指标已达到注水要求，可以不考虑辅助性指标；如果达不到要求，为查其原因可进一步检测辅助性控制指标。

三、Q/SH 0583—2014 油田回注水水质检测评价方法

2014 年，中国石油化工股份有限公司发布了企业标准 Q/SH 0583—2014《油田回注水水质检测评价方法》，该标准规定了油田回注水水质的检测项目及检测方法，适用于油田回注水的水质检测。

该标准规定的回注水水质检测项目分为主要控制项目与辅助性项目。主要控制项目包括悬浮固体含量、悬浮物颗粒直径中值、含油量、平均腐蚀率、点腐蚀速率、平均结垢率、硫酸盐还原菌、腐生菌、铁细菌。辅助性项目包括溶解氧、硫化物、总铁和亚铁、侵蚀性二氧化碳、游离二氧化碳、聚合物、滤膜系数、pH 值。

四、SY/T 5523—2016 油田水分析方法

2016 年，国家能源局发布了石油天然气行业标准 SY/T 5523—2016《油田水分析方法》，规定了油田产出水、注入水、修井液和增产液中溶解和分散状组分含量以及物理性质的测定。对于无害油田废物(钻井液、土壤、岩心等)分离得到的水(包括滤液)的分析可参照使用。适用于石油、天然气勘探和开发中的油气田水分析。不适用于油田水中细菌分析、生物测试(对海洋生物的毒性测试)、天然放射性物质测定、膜滤器测试法和有机处理剂残留物分析。

该标准规定了钾、钠、钙、镁、钡、锶、锂、铁、氨、铬、锰、铝、碱度、硫酸盐、硝酸盐、氟化物、氯化物、碘化物、溴化物、硼、磷(磷酸盐)、硅、颜色、气味、透明度、沉淀物、pH 值、电导率(仪器法)、密度、浊度、TDS、TSS、TOC、有机酸(色谱法)、化学需氧量(COD)、生化需氧量(BOD)、油和脂、硫化物、溶解氧、二氧化碳的检测方法。

第二节　主要水质指标检验方法

石油天然气行业标准 SY/T 5329—2022《碎屑岩油藏注水水质指标技术要求及分析方法》和中原油田企业标准 Q/SH1025 1058—2019《油田开发注水水质指标及分析方法》除列出注水水质要求外，还给出了样品采集要求及水质指标具体的分析方法。中原油田注水水质检验方法以上述两个标准及其引用的标准为准。

一、样品采集要求

(1)采集注水系统的水样应具有代表性、可靠性、真实性。

(2)取样前打开取样阀门，在高流速下畅流 3min 再取样。

(3)悬浮固体含量分析时，漂浮或沉淀的不均匀固体不属于悬浮物质，应从采集的水样中去除。

(4)溶解氧、侵蚀性二氧化碳需在现场及时测定。水样要杜绝气泡，分析测定污水中的溶解氧含量和侵蚀性二氧化碳时，应尽快测定。

(5)滤膜系数(MF)需在现场测定。压力上升稳定后应尽快测定。

(6)腐生菌、硫酸盐还原菌含量分析应在现场接种，室内培养。若无测试瓶，应现场取样，24h 内送实验室接种。

(7)含油量分析取样时，不得用所取水样冲洗取样瓶，应直接取样。

(8)取侵蚀性二氧化碳水样时，在取样瓶中加入固体碳酸钙 3 ~ 5g。

(9)采样后随即贴上标签，标签上应注明取样日期、时间、地点、取样条件及取样人姓名。

二、悬浮固体含量

悬浮固体通常是指在水中不溶解而又存在于水中不能通过过滤器的物质。在测定其含量时，由于所用过滤器的孔径不同，对测定结果影响很大。本文所述悬浮固体是指采用平均孔径为 0.45μm 的纤维素酯微孔膜过滤，经溶剂洗去原油后，膜上不溶于油水的物质。

悬浮固体含量按式(2－1)计算：

$$C_x = \frac{(m_h - m_q)}{V_w} \times 10^3 \qquad (2-1)$$

式中　C_x——悬浮固体含量，mg/L；

m_h——实验后滤膜质量，mg；

m_q——实验前滤膜质量，mg；

V_w——通过滤膜的水体积，mL。

三、悬浮物颗粒直径中值

悬浮物颗粒直径中值是指水中颗粒的累计体积占颗粒总体积的50%时的颗粒直径，可以通过使用电阻变化法的颗粒计数器或激光衍射法的激光粒度仪进行测定。

1. 颗粒计数器

颗粒计数器的工作原理是在电解质溶液中放置小孔管，悬浮颗粒随电解质溶液通过小孔管时，小孔管内外两电极间电阻发生瞬时变化，产生电位脉冲。脉冲信号的大小和次数与颗粒的大小和数目成正比。

2. 激光粒度仪

激光粒度仪的工作原理是利用光的散射原理测量颗粒大小，当光束在前进过程中遇到颗粒时，发生散射现象，散射光与光束初始传播方向形成一个夹角，测量不同角度上散射光的强度，能够得到样品的粒度分布。

四、含油量

含油量是指在规定条件下，每单位体积的水中所含烃类物质的质量。在酸性条件下，回注水中的油可以被汽油、石油醚等有机溶剂萃取出，萃取液的颜色深浅在一定浓度范围内与含油量呈线性关系，将萃取液在分光光度计上比色，测得吸光度或浓度，通过计算得到回注水中含油量。

五、滤膜系数

滤膜系数（*MF*）是指在一定条件（指滤膜的直径、孔径、过滤时的压力和过滤水的体积）下，水通过滤膜所需时间的函数。*MF* 值的大小是衡量水对滤膜的细微孔道堵塞程度的综合性指标。中原油田回注水滤膜系数是指采用直径为 φ47mm、平均孔径为 0.45μm 的纤维素酯微孔膜过滤，在压力为 0.15MPa 下过滤 1000mL 水的体积所需时间的函数值。

六、平均腐蚀率

单位时间内，单位面积上金属材料损失的质量，或单位时间内，金属材料损失的平均厚度。

平均腐蚀率按式（2－2）计算：

$$F = \frac{(m_{gf} - m_{hf}) \times 3650}{S \times t_f \times \rho} \tag{2-2}$$

式中　F——平均腐蚀率，mm/a；

m_{gf}——实验前试片质量，g；

m_{hf}——实验后试片质量，g；

S——试片表面积，cm^2；

t_f——挂片时间，d；

ρ——试片材质密度，g/cm^3。

七、点腐蚀

在金属腐蚀的局部地区，出现向深处扩散的腐蚀小孔，其余地区不腐蚀或腐蚀很轻微，这种腐蚀形式称为点腐蚀。通过测试单位时间内现场腐蚀实验后试片的最大点蚀深度，计算得出点腐蚀速率。

八、硫酸盐还原菌、铁细菌和腐生菌

采用绝迹稀释法，将待测水样用无菌注射器逐级注入测试瓶中进行接种稀释，送实验室培养。硫酸盐还原菌测试瓶中液体变黑或有黑色沉淀，即表示有硫酸盐还原菌。腐生菌测试瓶中液体由红变黄或浑浊则表示有腐生菌。铁细菌测试瓶中出现棕红色沉淀即表示有铁细菌。根据细菌瓶阳性反应和稀释倍数，计算出细菌含量。

第三章　除油技术

油田采出水在原油开采过程中与原油一同采出，若未经处理直接回注，其中的油滴和悬浮物会堵塞储层孔隙，影响储层物性，降低注入量。因此，采出水处理中的除油工艺至关重要。通过有效的除油处理，既可确保回注水水质达标、提高注水效果，又能实现水资源循环利用，降低生产成本。

油田采出水处理中，常见的油水分离方法主要包括以下几种：重力除油，利用油水密度差实现自然沉降分离，设备结构简单但处理周期较长；斜板除油，在重力分离基础上增设倾斜板组，加大油水接触面积，提高分离效率；旋流除油，借助离心力作用加快油水分离速度；气浮除油，利用微细气泡附着油滴实现分离。这些技术各具特点，在实际应用中需根据水质特征和处理要求进行选择或组合使用。

第一节　重力除油工艺

重力除油是一种利用油和水密度差的分离技术，广泛应用于油田采出水处理。该技术通过设置专门的分离设备，将含油液体静置其中，油滴因为密度低于水而逐渐上升，并在液面形成可回收的油层，达到油水分离的效果。

一、重力除油的原理

重力除油是利用采出水中的油滴和水密度不同的原理，通过重力沉降(或上浮)作用，使油滴从水中分离出来。

油滴的分离效率主要与含油颗粒上浮速度、处理流量和除油设备水平工作面积有关。

含油污水在使用重力分离时的分离效率见式(3－1)：

$$E=\frac{v_o}{Q/A} \tag{3-1}$$

式中　E——含油颗粒的分离效率，无量纲；

Q/A——表面负荷率，m/s；

v_o——含油颗粒上浮速度，m/s；

Q——处理流量，m^3/s；

A——除油设备水平工作面积，m^2。

上浮速度v_o可用斯托克斯(Stokes)公式解释。含油颗粒的上浮速度v_o与油滴粒径d_p(单位：m)、重力加速度g(取9.8，单位：m/s^2)，水和油的密度ρ_w与ρ_o(单位：kg/m^3)以及水的黏度μ_w(单位：Pa·s)有关，即

$$v_o = \frac{d_p^2 g(\rho_w - \rho_o)}{18\mu_w} \tag{3-2}$$

由式(3－2)可以得到：

(1)当$\rho_w > \rho_o$时，$v_o > 0$，颗粒上浮。

(2)当$\rho_w < \rho_o$时，$v_o < 0$，颗粒下沉。

(3)当$\rho_w = \rho_o$时，$v_o = 0$，颗粒既不下沉也不上浮。

(4)密度差$(\rho_w - \rho_o)$越大，含油颗粒的上浮速度越大，二者呈正比关系。

(5)水的黏度μ_w越小，含油颗粒上浮速度越快，二者呈反比关系。因黏度与水温成反比，故提高水温有利于含油颗粒上浮。

(6)含油粒径d_p越大，上浮速度越快，二者呈平方关系。因此，随粒径的下降，上浮速度会迅速降低。图3－1为沉降曲线。

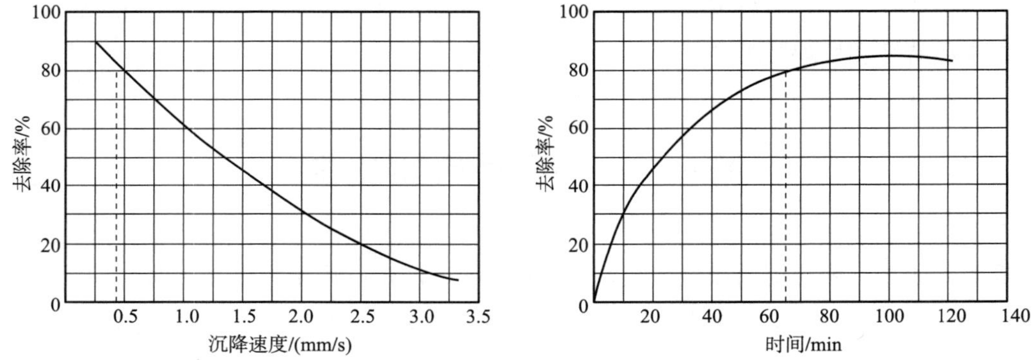

图3－1　沉降曲线

重力除油技术是一种常见的、简单易行的除油方法，对粒径在100μm～1mm的分散油去除特别有效，可去除的最小油滴直径达到30μm。长期实践证明：沉降时间越长，重力分离除油法的效果越好。重力分离除油法对污水中的浮油、分散油和部分乳化油具有很强的去除能力，并且处理效果稳定、运行费用较低、管理比较方便。

二、重力除油设备

油田生产中的重力除油设备主要分为立式和卧式两种基本构型。立式除油设备主要依靠重力沉降原理，利用油水密度差实现自然分离，其具有占地面积小、维护方便、分离效果稳定、适应性强且投资成本相对较低的优点，是油田生产中最常用的除油设备。相比之下，卧式除油设备虽然同样利用重力分离原理，但由于其水平放置，存在占地面积大、维护不便、设备重量大等缺点，因此在实际生产中较少采用。选择合适的重力除油设备，可以显著提高油水分离效率，保证后续生产工序的顺利进行。

(一)立式除油罐的结构

立式除油罐结构如图3-2所示，容器上部设收油构件，中上部设配水构件，中下部设集水构件，底部设排污构件。一般立式除油罐设计的沉降时间为3~4h。

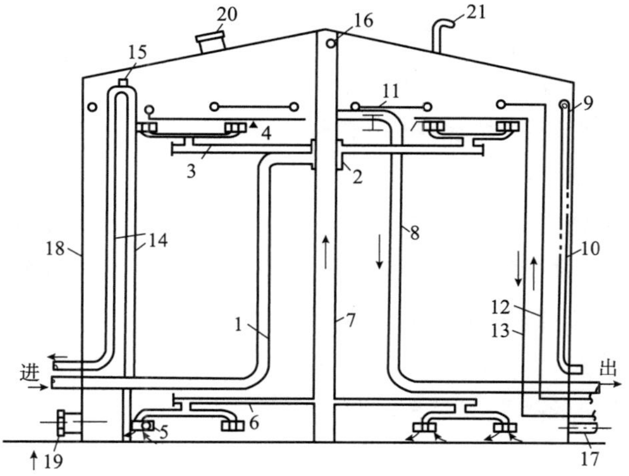

图3-2　立式除油罐结构

1—进水管；2—中心反应筒或配水室；3—配水管；4—配水头；5—集水头；6—集水管；7—中心柱管；8—出水管；9—集油槽；10—出油管；11—盘管；12—蒸汽管；13—回水管；14—溢流管；15—通气管；16—通气孔；17—排污管；18—罐体；19—人孔；20—透光孔；21—通气孔

含油污水经进水管流入除油罐内中心柱管，经配水管流入沉降区。水中粒径较大的油滴在油水密度差的作用下首先上浮至油层，粒径较小的油滴随水向下流动。在此过程中，一部分小油滴由于自身在静水中上浮速度不同及水流速度梯度的推动，不断碰撞聚结成大油滴而上浮，无上浮能力的部分小油滴随水进入集水管，经出水系统流出除油罐。统计资料表明，若除油罐进水中含油量不超过5000mg/L，自然除油的去除率可达95%。

(二)立式除油罐的运行

1. 除油罐工艺参数的调整

重力除油罐要达到理想的除油效果，其设计参数应根据现场生产实际需要而定，此处以中原油田使用的除油罐为例，介绍其工艺技术参数。

(1)向下流速度：0.5mm/s；

(2)保护高度：0.8m；

(3)配水管顶到设计油层底距离：0.2m；

(4)罐底积泥高度：1.5m；

(5)有效分离高度：7.2m；

(6)设计油层厚度：0.5m；

(7)进水含油量要求：≤500mg/L；

(8)进水砂粒要求：粒径>76μm的含量≤100mg/L；

(9)出水含油量要求：≤50mg/L；

(10)出水悬浮固体含量要求：≤20mg/L。

2. 除油罐的投产流程

除油罐投产前需对所有管线进行清扫和密封性试验，重点是进出口、收油、蒸汽和排污管线。同时检查罐体结构、安全附件功能，包括液位计、呼吸阀、阻火器和压力表等。投产时的核心是按顺序进行：先关闭出水阀门，打开进水阀门使罐内充满，待液面达到足够高度后再打开出水阀门。这个顺序设计是为了避免系统气锁，确保系统正常充满。进水过程中需重点观察呼吸阀排气情况，确保系统压力正常。投产后通过取样化验来确认除油效率，这是判断系统是否正常运行的重要指标。

3. 除油罐的停运流程

除油罐停运的关键是确保罐内物料得到妥善处理。首先需回收罐内污油，随后关闭进出口阀门隔离系统，卸下呼吸阀消除系统压力，最后排放污水。排放罐内污水时需要控制速度，避免系统冲击，同时确保排放彻底以防止污物沉积。整个过程中要特别注意系统压力的释放和污水排放的控制，这直接影响到设备的维护状态。停运后的设备附件需要及时保养，为下次启用做好准备。

4. 除油罐的收油流程

除油罐的收油操作可分为停罐收油操作、运行中的手动收油操作和自动收油操作三种方式。停罐收油操作是将运行罐停运后通过控制进口阀门来达到收油高度进行收油操作的一种方法，它适合于正常停罐前或因检修等原因停罐而采取的收油方式。运行中的手动收油操作是通过手动控制除油罐进出口阀门使液位达到收油高度来进行收油的一种方法，它适合于传统的低自动化水平下的收油操作方式。运行中的自动收油操作是利用自动化仪表通过计算机控制除油罐出口自动调节阀开启度，从而精确控制收油高度达到收油的目的，它适合在自动化水平较高的收油系统中运行，可随时监测和控制除油罐液位，达到连续收油的目的。

5. 除油罐的排污流程

除油罐排污操作可分为负压排污和重力排污两种方式。负压排污是在罐底排污管上安装的负压排泥器在排泥动力泵作用下，在罐底部形成负压区，罐内污泥在负压作用下，通过排污阀排出罐外。重力排污是靠罐内液体形成的静压作用，通过底部设的穿孔管、排污阀将罐内污泥排出罐外。

(三)立式除油罐的维护

1. 除油罐的维护流程

除油罐的维护与运行管理主要包括三个关键阶段：投产、检修和日常运行。

投产进水阶段需重点关注系统的结构完整性，特别是出水管柱上的排气孔，设置这些孔的目的是防止虹吸现象影响出水。对于带中心反应筒的设备，进水路径的选择直接关系到设备的安全，必须保证污水从反应筒内部进入以避免筒体变形。

停运检修时的放水顺序对设备安全至关重要。应遵循先排放反应筒外侧水体，后排放筒内水体的顺序，保护反应筒结构。如涉及动火作业，必须彻底清除除油罐内残留油污。

日常运行中液位控制是核心步骤。系统通过浮标和自动报警监测液位变化，防止进水量剧增导致液位异常。油层厚度的测量可采用密度差平衡原理，利用比重瓶进行简便测定。油层厚度可通过两种方式进行控制：管式出水系统采用强制排油法，即通过调节出水阀门抬高油位；可调式出水系统则通过调整堰板或出水管高度来适应不同水量。

2. 除油罐的故障处理

在除油罐运行过程中，经常会遇到一些故障，如不出油、只见水不见油、污油不溶融等情况。除油罐常见故障、可能原因及处理方法见表3－1。

表3－1　除油罐常见故障、可能原因及处理方法

常见故障	可能原因	处理方法
油罐液面至收油高度，开阀不出油	油品黏度过高	增加蒸汽量提升温度
	管线内原油凝固堵塞	使用蒸汽吹扫疏通管线
	阀门闸板脱落	检修更换阀门
除油罐在收油过程中只见水不见油	罐内液位过高，水层超过收油槽	调节液位，确保油层位于收油槽上方2～5cm
	收油槽底部穿孔	停罐检修处理
	罐内油层已收集完毕	及时停止收油操作
蒸汽供应正常，污油不溶融	盘管断裂或穿孔导致蒸汽损失	停罐检修
	收油液位与蒸汽盘管高度不一致	调整液位，使其与蒸汽盘管高度保持一致

第二节　斜板除油工艺

在重力除油的基础应用上，斜板除油是一种利用油水密度差和斜板结构实现油水分离的技术，在废水处理领域广泛使用。该技术通过在处理设备中安装一系列倾斜的平行板，当含油废水流经斜板时，油滴在浮力作用下沿斜板向上运动并聚集，而水则向下流动，利用这种相对运动实现油水的有效分离。通过设置斜板，不仅可以增加油水接触面积，而且可以缩短油滴上浮距离，从而提高分离效率。

一、斜板除油的原理

斜板除油是在分离器中安装一定角度的平行板组，增大油珠与水的接触面积，加快油水分离过程，已成为油田采出水处理的重要工艺。

斜板除油的基本原理源自“浅池原理”：当水平流速和池长不变时，池深越浅，能被去除的悬浮物颗粒越小。通过在沉淀池中设置多层斜板，可以将一个深池分割成多个浅池，既缩短了油滴上浮距离，又增大了有效分离面积，显著提高了处理效率。

斜板除油过程中，油滴在重力和浮力作用下沿斜板上浮，同时受到水平方向的推力作用。斜板的设计需要考虑多个因素：倾角通常选择45°～60°，过大会导致所需板长增加，过小则会影响油滴的附着和聚并；板间距的选择要确保形成层流状态，一般在20～50mm，过大会增加油滴上浮距离，过小则易造成堵塞；同时还要控制水流速度，使雷诺数维持在500以内，确保层流状态的形成。

斜板除油装置的高效性主要体现在其特殊的结构设计上：通过增大湿周、缩小水力半径，创造了稳定的层流条件；同时保持较大的弗劳德数，增强水流稳定性。这种结构设计不仅提供了更大的油水接触面积，还能有效降低水流扰动，为油滴的分离创造理想环境。实际运行中，还需考虑进出水均匀性、防止短流、油垢清理等因素，这些都会影响实际运行效率。波纹板的应用进一步提高了装置的刚度，增加了有效分离面积，使得斜板除油装置在实际应用中展现出占地面积小、效率高、运行稳定等显著优势。

二、斜板除油的设备

（一）立式斜板除油罐

立式斜板除油罐的结构与普通立式除油罐基本相同，主要区别是在普通立式除油罐中心反应筒外的分离区一定部位加设了斜板组，如图3－3所示。

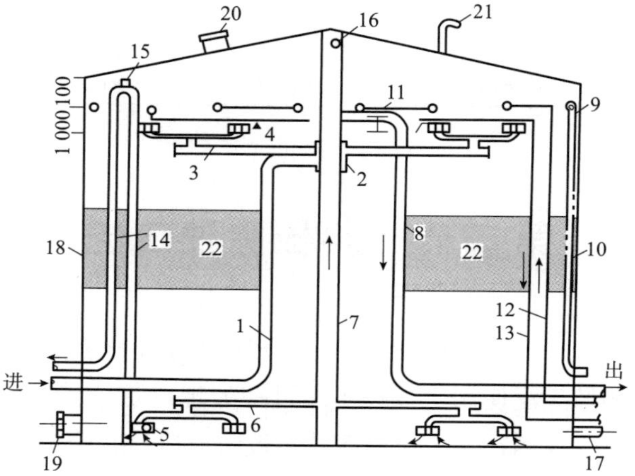

图3－3　立式斜板除油罐结构

1—进水管；2—配水室；3—配水管；4—配水头；5—集水头；6—集水管；7—中心柱管；8—出水管；9—集油槽；10—出油管；11—盘管；12—蒸汽管；13—回水管；14—溢流管；15—通气管；16—通气孔；17—排污管；18—罐体；19—人孔；20—透光孔；21—通气孔；22—波纹斜板组

含油污水从中心反应筒出来后，先在上部分离区进行初步的重力分离，较大的油滴先被分离出来，然后污水通过斜板区，油水进一步分离。分离后的污水在下部集水区流入集水管，汇集后的污水由中心柱管上部流出除油罐。在斜板区分离出的油滴上浮至水面，进入集油槽由出油管排出到收油装置。

立式斜板除油罐的主要设计参数：斜板间距80～100mm，斜板倾角45°～60°，斜板水平投影负荷$(1.5\sim2.0)\times10^{-4}m^3/(s\cdot m^2)$，其他设计数据与普通立式除油罐基本相同。实践证明，在除油效率相同的条件下，与普通立式除油罐相比，同样大小的立式斜板除油罐的除油处理能力提高1.5倍。

斜板材质的选择对除油效率有重要影响。常用的材质包括聚丙烯(PP)、聚氯乙烯(PVC)、不锈钢和玻璃钢等。这些材料都具备疏油亲水性、耐腐蚀性和足够的机械强度，其中PP和PVC因具有良好的疏油性、化学稳定性和较低的成本而被广泛使用；不锈钢则因其强度高、使用寿命长而适用于特殊工况；玻璃钢具有重量轻、强度高的特点，但成本相对较高。材质的表面粗糙度也是应重点考虑的因素，过于光滑的表面不利于油滴的附着和聚集，而过于粗糙则容易积垢影响分离效果。

常用的斜板规格有多种，主要有以下三种：第一种是板长1750mm，板宽750mm，板厚1.5~1.9mm，每块板有6个波，波长130mm，波高15~25mm，波峰处夹角101°；第二种是板长1550mm，板宽650mm，板厚1.2~1.6mm，每块板有11个波，波长59mm，波高25~30mm；第三种是板长1360mm，板宽760mm，板厚1.6~1.9mm，每块板有5~8个波，波长约120mm，波高15~25mm。为安装和检修方便，可把斜板拼装成若干斜板组块。斜板组块排列在除油罐内的钢支架上。

(二)立式斜板除油罐运行

1. 立式斜板除油罐的投产准备

立式斜板除油罐投产前要求对设备各系统进行全面的检查。①对所有管线(包括进、出口管线，收油管线，蒸汽管线和排污管线)进行彻底清扫；②进行压力测试确保管路系统的密封性能良好；③清除罐体内部所有杂物并确保斜板组件安装规范、牢固；④逐一检查进出口阀、排污阀、收油阀和蒸汽阀的密封状态，确认其密封良好，设备安全运行；⑤检查罐体有无变形，确保盘梯牢固，并验证避雷针、接地线和牺牲阳极的连接可靠性；⑥确认辅助设备如液位计、呼吸阀、阻火器和压力表等的功能状态；⑦检查所有人孔和清扫孔确保其封闭严密，为设备的安全投运奠定基础。

2. 立式斜板除油罐的投产流程

立式斜板除油罐的投产是一个需要严格控制的过程。投产前必须确保设备经过验收合格，所有阀件密封良好且管路系统畅通。开始投产时，缓慢开启进水阀门使设备开始进水，其间需密切观察呼吸阀的排气状态，并确保正常。当液面上升至设计规定高度时，检查并开启出水阀门以确保流程畅通，建立稳定的工艺流态。系统运行后，需严格按照取样规程在罐体进、出口进行取样分析，通过含油量的测定来评估和监控除油效果。整个投产过程强调平稳操作和过程监控，确保设备安全平稳地过渡到正常运行状态。通过规范的投产操作和持续的效果监测，可以实现斜板除油罐的最佳处理效果。

3. 立式斜板除油罐的停运流程

立式斜板除油罐的停运过程需要有序执行并确保各项技术要求得到严格落实。首先按照规范程序回收罐内残留污油，确保油品得到有效回收。随后关闭进出口阀门隔离系统，拆除呼吸阀，并通过罐底排污阀缓慢排放罐内水分。排水过程需要与相关岗位保持密切沟通，控制排放速率以防止下游设施溢流。排水完成后，需彻底清除罐内所有污物，确保设备内部清洁。停运期间应对所有附件设备进行全面的维护保养，包括阀门、仪表和控制装置等，使其保持良好的工作状态以备后续使用。整个停运过程强调安全性和系统性，既要确保污油得到有效回收，又要保证设备在停运期间得到妥善维护，为下次启用创造良好条件。

4. 立式斜板除油罐的收油流程

立式斜板除油罐的收油操作是一个需要精确控制和密切配合的过程。收油开始前需与相关岗位做好沟通，通过调节出口阀门使除油罐液面维持在高出集油槽 2～5cm 的最佳位置，同时持续监测除油罐和污油池液位以防溢流。收油过程首先需调节蒸汽压力至适当水平，打开蒸汽进出口阀门，启动加热系统，待集油槽内污油被加热至可流动状态时，通过控制出口阀门抬升罐内液位，使污油进入集油槽，随后开启收油阀门开始收油作业。整个过程需维持液位始终高出集油槽 2～5cm，并保持连续供应蒸汽以确保污油的良好流动性。污油收集完毕后，按照规定顺序依次关闭蒸汽系统、出油阀门，进行管线扫线处理，最后关闭相关阀门并复查整个操作流程。整个收油过程要求与相关岗位保持密切配合，严格控制各项工艺参数，特别注意收油过程中的液位控制和管线扫线的彻底性，避免因操作不当造成设备溢流或管路堵塞，通过规范的操作流程和严格的技术管控，确保收油作业的安全性和效率。

5. 立式斜板除油罐的排污流程

立式斜板除油罐的排污操作需要严格的前期准备和精确的过程控制。在开始排污前，首先需要确认排污池和立式斜板除油罐的液位均满足排污条件，检查相关阀门的完好状态，并与相关岗位建立良好的沟通协调机制。排污操作按照规范流程进行：先开启排污池进水阀门，随后快速开启立式斜板除油罐排污阀门并打开取样阀门，待排污水变清后依次关闭相关阀门完成排污过程。整个操作过程中需要特别注意排污的技术要求：每个排污阀门需完全开启并重复开关动作 3 次，单次排污时间控制在 3～5min，相邻两次冲击性排污的时间间隔保持在 20～30s。同时要持续关注排污池液位变化，防止出现溢池情况。通过规范的操作程序和严格的技术控制，确保排污过程安全有效进行，并做好相关记录存档工作。这种系统性的排污管理既保证了设备的清洁度，也确保了整个过程的安全性和可控性。

（三）立式斜板除油罐的维护

1. 立式斜板除油罐的维护流程

立式斜板除油罐的维护工作需要按照科学、规范的流程进行，以确保设备的可靠性。维护工作主要包括日常维护、定期维护和年度大修三个层次。

日常维护过程中，操作人员需每班对设备进行全面巡检，重点检查内容包括罐体结构的完整性、法兰连接处的密封情况、压力表和液位计等仪表的准确性、安全阀和呼吸阀的灵活度、加热盘管的保温状况、收油管线的通畅性等。发现问题要及时记录并上报处理。

定期维护工作以月度为周期，主要进行管阀件的检查维护和调试，具体包括检查各类阀门的启闭灵活性，测试自动控制系统的可靠性，清理排污管线，校验各类仪表以及补充或更换密封材料等。同时要对斜板组件的积污情况进行评估，必要时进行冲洗处理。

年度大修是最全面的维护工作，需要对设备进行全面检修，具体工作包括开罐检查斜板组件的完整性并清理积垢，检修盘管系统，更换损坏的密封件，对罐体进行防腐处理，校验或更换失效仪表以及各类附属设备的维修等。维修完成后要进行水压试验，确保设备完好后方可重新投用。

通过执行规范的维护流程，并做好维护记录和分析，可以有效预防设备故障，延长设备使用寿命，保证处理效果的稳定性。

2. 立式斜板除油罐的故障处理

立式斜板除油罐是油田采出水处理系统中的重要设备，在运行过程中可能会遇到各种故障。立式斜板除油罐的常见故障、可能原因及处理方法见表 3－2。

表 3－2　立式斜板除油罐的常见故障、可能原因及处理方法

常见故障	可能原因	处理方法
原油无法正常收集	蒸汽系统参数不足	调整蒸汽压力、流量、温度
	罐内液位控制不当	优化液位控制，确保油层与加热盘管充分接触
收油管线堵塞	原油凝固或杂质堆积	使用蒸汽进行吹扫疏通
出现溢罐或溢池风险	进水量过大或排水不畅	与相关岗位及时沟通协调
		调整液位或暂停收油操作
出水含油量超标	进水含油量或处理量超出设计能力	加强来水控制
	来水含油量短期波动	调节处理量并加强收油
	斜板长期积污	安排停运维护清理

（四）平流式斜板隔油池

隔油池是用自然上浮法分离、去除含油污水中浮油的构筑物。污水从池的一端流入池内，另一端流出。在流经隔油池的过程中，由于流速降低，密度小于水而粒径较大的油类与杂质上浮到水面上，密度大于水的杂质则沉于池底。在出水口一侧的水面上设集油管。

平流式斜板隔油池是在普通平流式隔油池中加设斜板组构成的，如图 3－4 所示。

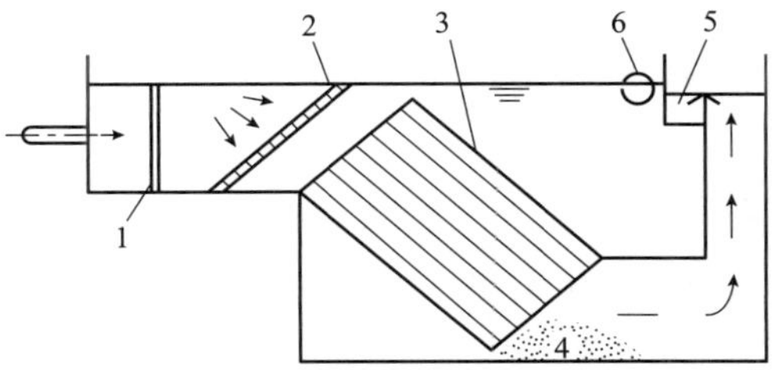

图 3－4　平流式斜板隔油池

1—配水堰；2—布水栅；3—斜板；4—集泥区；5—出水槽；6—集油管

含油污水在流经隔油池板与板之间的平行流道过程中，油滴上浮，在板下聚集并沿着斜板向前移动，在斜板出口形成油层，浮至水面。流道当量直径较小，污水可在较高的处理量下保持层流状态，且具有较大的上浮面积，因而斜板隔油池除油效率较高。

工业用的斜板隔油池，斜板材料为不饱和聚酯玻璃钢，板长一般为 2 ~ 4m，板间距为 20 ~ 40mm，倾角为 30° ~ 60°。

平流式斜板隔油池一般是由钢筋混凝土做成池体，池中斜板大多呈45°角安装。进入的含油污水通过配水堰、布水栅后均匀且缓慢地自上而下经过斜板区，油、水、泥在斜板中进行分离：油滴颗粒沿斜板组的上层板下表面上浮滑出斜板到水面，通过活动集油管(槽)收集至污油罐，再送去脱水；泥沙沿斜板组下层斜板面滑向集泥区落到池底，定时排出；分离后的水从下部分离区进入折向上部的出水槽，然后排出或送去进一步处理。由于高程上的布置，污水进入下一步处理工序往往需要用泵进行提升。

(五) 波纹板隔油池

波纹板隔油池是在平流式斜板隔油池的基础上，以波纹板取代平板发展而来的，其结构如图 3 – 5 所示。

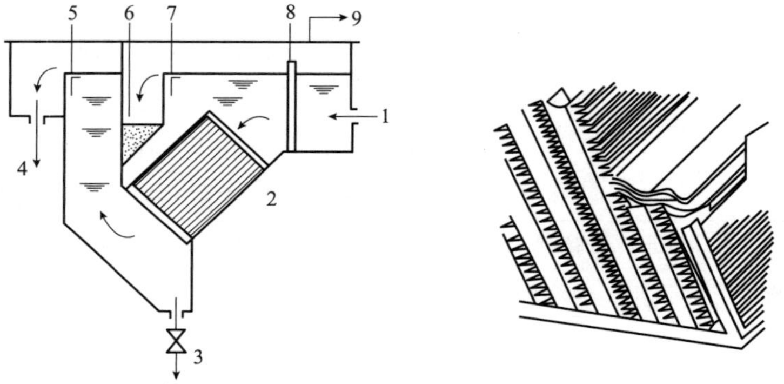

(a)整体结构　　(b)波纹板组端部视图

图 3 – 5　波纹板隔油池

1—污水入口；2—波纹板组；3—排污管；4—净化水；5—水堰；6—油室；7—可调堰板；8—配流筛；9—气出口

进入隔油池的污水经配流筛均匀分配至波纹板组的各流道，自上而下经过波纹板组，在波纹板中进行油、水、泥的分离。板组捕集的原油浮升至板组上方的油层，经可调堰板流入油室。流出板组的污水分出油、泥后，经可调堰板流入水室。波纹板采用聚乙烯或强度高、化学稳定性好的不饱和聚酯玻璃钢制成，板组组合件与水平面呈 45°倾角，板间距为 20 ~ 30mm。

在斜板除油工艺的工程应用中，立式斜板除油罐因其结构合理、运行稳定、维护方便、处理效果好等优点，已成为油田采出水处理的主流设备。平流式斜板隔油池主要应用于场地空间受限的特殊工况，能够满足小空间大处理量的要求。而波纹板隔油池尽管在油水分离方面具有一定技术优点，但受限于工艺成熟度等因素，现阶段在工程实践中的应用相对较少。

第三节　旋流除油工艺

旋流除油是一种利用离心原理进行油水分离的技术。该技术通过特制的旋流装置使含油废水产生强烈的旋转运动，在离心力作用下，密度较大的水被甩向外侧，而密度较小的油滴向中心聚集，形成油水分层，从而达到快速分离的效果。

一、旋流除油的原理

旋流除油技术通过旋转液流中油水密度的差异产生离心力差，从而实现油水分离。水力旋流器工作原理示意图如图 3－6 所示。

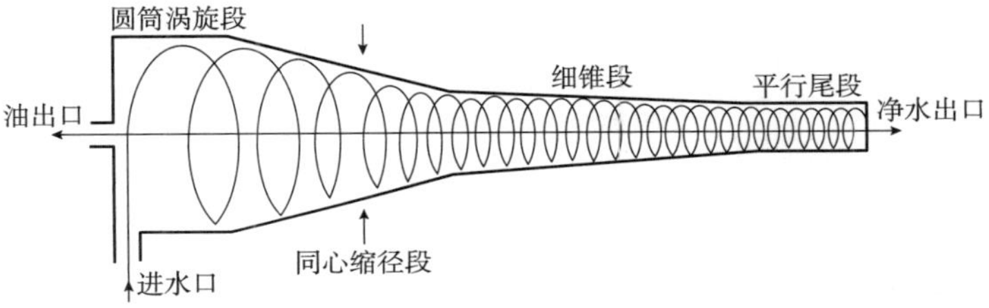

图 3－6　水力旋流器工作原理示意图

含油污水由切向或螺旋向进入圆筒涡旋段，并沿旋流管轴向螺旋状流动，在同心缩径段，截面的收缩导致流体增速，促使已形成的螺旋流向前流动，由于油水的密度差，水沿着管壁旋流，油滴移向中心，流体进入细锥段，截面不断收缩，流速继续增大，小油滴继续移到中心汇成油芯。流体进入平行尾段，由于流体恒速流动，对上段产生一定的回压，使低压油芯从溢流口排出。

二、旋流除油的设备

（一）水力旋流器

旋流除油技术的主要设备是水力旋流器，其由壳体和旋流管两部分组成。水力旋流器按结构形式分为静态和动态两种；按用途分为油水预分离旋流器、污水除油旋流器及原油脱水旋流器。多管污水除油水力旋流器属于静态水力旋流器，壳体内并联安装多根旋流管，这种设计可以提高处理量并保证分离效果。工作时，含油污水进入旋流器后经旋流管进行油水分离，污油和经除油后的水由各自的出口流出，其结构如图 3－7 所示。

旋流管是实施油水分离的关键部件。旋流管由大锥段和小锥段组成，两段相交处的直径称为旋流管的名义直径。旋流管的关键技术参数包括名义直径一般≤10mm，管体总长度控制在 1.5～2.0m。较小的名义直径可以缩短油滴从器壁向中心的迁移距离，有利于提高油水分离效果。旋流管结构如图 3－8 所示。

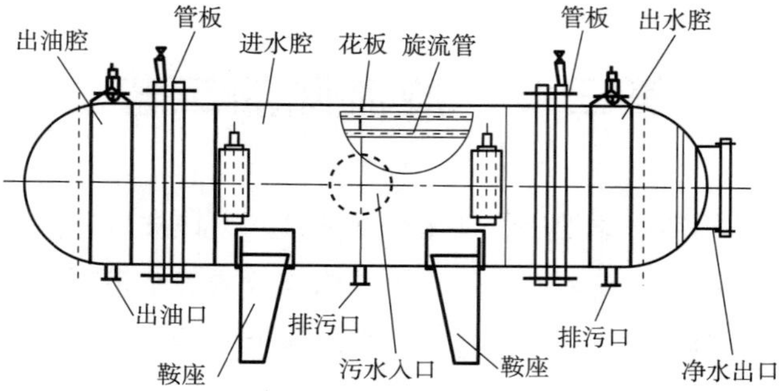

图 3－7　多管污水除油水力旋流器结构

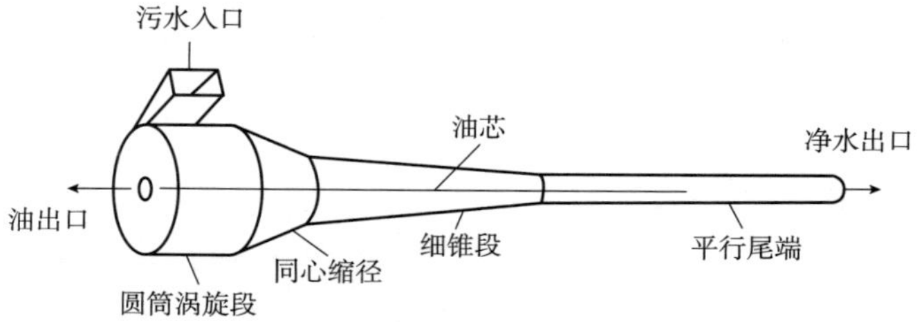

图 3－8　旋流管结构

（二）水力旋流器的运行

1. 水力旋流器工艺参数的调整

在实际应用中需根据处理介质的性质、进料浓度和流量进行专门设计和参数调整。分离效果受进料压力和混合物性质影响较大，系统需要 0.5MPa 以上的进料压力才能正常运行。为达到最佳分离效果，可以根据不同处理要求调整结构参数，还可以通过改变串并联组合方式来调节处理量和处理深度。

2. 水力旋流器的投产流程

水力旋流器安装简单，只需基础支撑和管线连接即可，投产前需确保管线连接完好。可根据处理需求选择单独使用、并联使用（提高处理量）或串联使用（提高处理深度）等不同方式，可与其他分离装置联合使用以满足不同处理要求。由于结构简单，启动过程便捷，调试完成后即可投入运行。

（三）水力旋流器的维护

1. 水力旋流器的维护流程

水力旋流器虽然结构简单、无运动部件，但仍需建立规范的维护流程以保证其长期稳定运行。日常维护主要是监测进口压力、流量等关键运行参数，并检查管线系统的密封性和完整性。月度维护工作包括清理入口管路的过滤器、检查溢流管和底流管的磨损情况、疏通排污管线等。定期检修需要对旋流器进行开孔检查，重点检查内锥体的磨损情况，必要时进行更换或修复，同时检查和校验压力表、流量计等仪表的准确性。通过定期维护和状态监测，可以及时发现并解决设备问题，确保旋流器持续实现最佳分离效果。

2. 水力旋流器的故障处理

水力旋流器在运行过程中的常见故障、可能原因及处理方法见表 3－3。

表 3－3　水力旋流器在运行过程中的常见故障、可能原因及处理方法

常见故障	可能原因	处理方法
分离效果不佳	絮凝体在剪切力下破裂	调整药剂投加量或更换药剂种类
	进料压力波动	调节进料泵运行参数，稳定压力
	流量过大或过小	调整进料流量至设计范围
进出口压差异常	入口管路堵塞	清理过滤器和管路沉积物
	喷嘴磨损	检查并更换磨损的喷嘴
	系统漏气	检查并修复管线密封点
底流排放异常	底流管堵塞	疏通或清洗底流管路
	排污阀故障	维修或更换排污阀
	底流口磨损	更换磨损部件
溢流水质超标	进水含油量突增	降低处理量或调整工艺参数
	内锥体磨损	检修或更换内锥体
	导流效果不佳	检查并调整入口导流装置

第四节　气浮除油工艺

气浮除油是一种利用气泡附着力进行油水分离的技术。该技术通过向含油废水中持续通入细小气泡，使油滴附着在气泡表面并随气泡上浮到水面形成浮渣层，再通过刮渣装置将浮渣收集处理，从而实现油水分离。

一、气浮除油的原理

气浮除油技术是一种广泛应用于油田采出水处理的高效方法，其原理是在含油污水中引入气体，生成大量微细气泡。这些微细气泡通常由溶气释放或机械搅拌等方法产生，其直径通常在几十微米。微细气泡的产生使得水相中形成巨大的比表面积，为乳化油、分散油和悬浮颗粒提供了黏附和聚集的介质。

在油田开采过程中，采出水中含有大量的油类物质，这些油以乳化油和分散油形式存在，粒径一般在 10～60μm。通过气浮工艺，在含油污水中通入微细气泡，这些气泡在上升过程中会与水中的油滴和悬浮颗粒发生碰撞和黏附。为了增强气泡与油滴、颗粒的黏附效果，常常加入浮选剂或混凝剂。这些化学试剂能够改变油滴和颗粒的表面性质，降低界面张力，促进微细气泡与其结合，形成体积更大的复合体。

当油滴和颗粒黏附在气泡上后，形成的油－气泡混合物因密度较小，会迅速上浮至水面，形成一层浮渣。随后，采用机械刮除、撇油器或溢流等方法将浮渣从水面去除，实现对含油污水的净化。整个过程不仅物理作用明显，而且在化学试剂的辅助下，提高了除油效率。

气浮除油技术在油田采出水处理中具有诸多优势：首先，它能够高效去除微细的乳化油和分散油，降低出水含油量。其次，设备占地面积小，操作弹性大，适合油田现场的实际情况。此外，气浮过程对温度和水质变化的适应性强，运行成本低，便于维护和管理。

一般气浮效果与以下因素有关：

(1)空气溶解程度。

空气溶解于处理水中的量，用空气对水的溶解度来表示，影响溶解度的因素主要是污水的压力和温度。与压力成正比，与温度变化成反比，而溶解速度则与空气和水的接触界面有关。通常用溶解度来表示空气溶解程度的高低。

(2)悬浮固体的润湿性对浮选效果的影响。

污水中油珠等物质能否与气泡黏附，取决于该物质能够被污水润湿的程度。疏水性物质易于被气泡黏附。对于亲水性物质，必须投加混凝脱稳剂，使其表面性质变为疏水性方能与气泡黏附。

(3)气泡的分散性对浮选效果的影响。

在气浮过程中，需要形成大量微细而均匀的气泡，才能作为载体与被浮物质黏附达到气浮分离的目的。微气泡量越多则气泡与被浮物质的接触、黏附机会越多，有利于提高气浮效果。气泡的分散性是控制气浮效果的主要因素之一。

二、气浮除油的设备

气浮除油装置有溶解气气浮、机械气浮、涡凹气浮等。其中，溶解气气浮装置因其结构简单、处理效果好、运行成本低等优点，在油田采出水处理中得到广泛应用。该装置通过在加压条件下使空气溶解于水中，当压力突然释放时，析出大量微小气泡，这些气泡能够有效吸附水中的油滴，使其上浮形成浮渣，从而达到除油的目的。下面主要对溶解气气浮装置进行介绍。

(一)溶解气气浮装置

加压条件下，空气的溶解度大，能提供足够的微气泡，确保气浮效果。减压释放，产生的气泡不仅微细(20～100μm)、粒径均匀、密集度大，而且上浮稳定，对液体扰动小。特别适合于疏松絮凝体，细小颗粒的固液分离。工艺设备和流程较为简单，便于管理维护。处理效果显著、稳定、降低能耗。

溶解气气浮装置工艺过程如图3－9所示，首先使气体在压力状态下溶于水中，再将溶气水引入气浮池首端或底部均匀配出，待压力降低后，溶入水中的气体便被释放出来，使被处理水中的油珠和悬浮固体吸附到气泡上，上浮聚集后被去除。

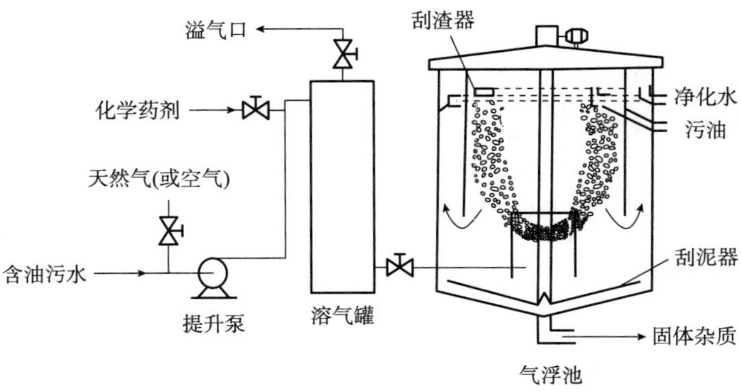

图 3-9 溶解气气浮装置工艺过程

(二)溶解气气浮装置的运行

1. 工艺参数的调整

气浮池设计需要考虑多个关键参数，具体包括池体尺寸、水流速度、停留时间等。合理的参数设计不仅能保证处理效果，还能提高运行效率和经济性。具体设计参数如下。

池体尺寸：

(1)有效水深：2.0～2.5m。

(2)长宽比：2∶1～3∶1(常规)，1∶1(竖流式)。

(3)单格最大宽度：≤6m。

(4)单格最大长度：≤15m。

接触区参数：

(1)水流上升速度(下端)：20mm/s。

(2)水流上升速度(上端)：5～10mm/s。

(3)水力停留时间：>1min。

(4)隔板倾角：70°。

(5)隔板下端直段高度：0.8～1m。

(6)堰上水深流速：5～10mm/s。

分离区参数：

(1)向下流速：1～2.5mm/s。

(2)水力停留时间：10～20min。

(3)表面负荷：6～8$m^3/(m^2 \cdot h)$，最大10$m^3/(m^2 \cdot h)$。

其他参数：

(1)回流比：15%～30%。

(2)最大泥渣层高度：10～20cm。

压力溶气罐应设压力表、水位计、安全阀，并设水位、压力控制器，自动控制，必要时可装填料。

2. 投产准备

溶解气气浮装置的投产准备工作是确保系统安全稳定运行的基础。首先需对设备环境和系统状态进行系统性检查，包括确认设备周边环境无障碍物，对管道接口和阀门进行压力测试以排除泄漏隐患。电气系统的安全检查同样重要，需验证供电系统、线路布置及所有电器设备符合规范要求，并确保各运行设备的安全防护装置完备。作为核心动力设备，溶气泵和空压机的性能状态是重点关注对象，需详细检查润滑油品质、机械密封是否完整、运转方向以及运行过程中的声音和温度是否正常。此外，溶气罐液位作为影响气浮效率的关键参数，投产前必须确认其处于设计规定的正常工作范围内。这些严格的技术检查为装置的正常运行提供了必要保障。

3. 投产流程

溶解气气浮装置的投产运行是一个需要精确控制的过程。首先在溶药罐内配制合适浓度的混凝剂并试运行加药泵，而后启动空压机向溶气罐输送压缩空气。当溶气罐压力达到0.2～0.3MPa时，启动溶气泵并逐步调节阀门，将水量控制在设计值的30%左右。当溶气罐水位达到液位计1/3位置时，开启释放阀门将溶气水引入气浮池反应室，通过调节确保溶气罐液位维持在1/3～2/3的最佳工作范围。随后启动污水泵输送待处理水并根据含油量调节混凝剂投加量，通过控制气浮池出水阀门使水位保持在排渣口位置。当浮渣积累至10～15cm时及时启动刮渣机清除。系统稳定运行后，需通过定期取样分析持续监测进出水含油量，确保处理效果始终处于最佳状态。整个投产过程强调工艺参数的精确把控，以实现系统的高效稳定运行。

（三）溶解气气浮装置的维护

1. 溶解气气浮装置的维护流程

溶解气气浮装置的维护工作应按照科学规范的流程执行，主要包括日常维护、定期维护和年度检修三个层次。日常维护过程中，操作人员每班需对设备进行全面巡检，重点检查电气系统运行状态、转动设备的轴承温度和振动情况、溶气罐压力表读数、各类仪表显示的准确性以及管道系统的密封性等。月度维护工作包括清洗释放器和填料层、检查空压机的进气滤芯、清理集渣槽和排渣管路、检查刮渣机运转状况等。年度检修则需要进行全面检查，包括溶气罐开罐检查、更换填料层和释放器、检修空压机和水泵、更换损坏的密封件、校验计量仪表等。检修完成后需进行试运行调试，确认各项性能指标达标后方可投用。通过执行规范的维护流程，可以有效预防设备故障，确保溶解气气浮装置长期稳定运行。

2. 溶解气气浮装置的故障处理

溶解气气浮装置作为油田采出水处理的关键设备，其运行状况直接影响处理效果。溶解气气浮装置的常见故障、可能原因及处理方法见表3－4。

表 3－4　溶解气气浮装置的常见故障、可能原因及处理方法

常见故障	可能原因	处理方法
气浮池内气泡与絮体黏附不良，除油效果下降	释放器堵塞，气泡形成质量不合格	及时清理释放器堵塞物
	溶入空气量不足(低于回水量的6%～10%)	适当增加风量供给
	系统风压和水压不稳定，产生粗大气泡	精确调节以确保压力平稳
	溶气罐水位控制不当(水位过低)	准确控制水位，保持在合理范围内
出水浑浊，含油量超标	药剂投加量不足	根据进水水质调整药剂量
	停留时间不足	适当降低处理量
	刮渣机运转不正常	检修刮渣机，确保及时刮除浮渣
溶气系统压力波动	空压机故障	检修或更换空压机
	管路泄漏	检查并修复泄漏点
	自动控制系统失灵	检查调节阀和压力传感器
浮渣堆积过多	刮渣频次不够	增加刮渣频次
	集渣槽排渣不畅	疏通排渣管路
	进水含油量过高	控制进水水质，必要时降低处理量

第四章　混凝沉降技术

在完成初步除油处理后，采出水中仍然存在大量粒径微小的乳化油滴、悬浮物及其他胶体物质，这些污染物由于粒径小、表面带电稳定，难以通过单纯的重力分离方式去除。混凝沉降作为一种重要的深度处理工艺，通过投加混凝剂改变水中胶体颗粒的界面性质，打破其稳定状态，促使细小颗粒相互碰撞聚集形成较大的絮体，在重力作用下实现固液分离。该工艺不仅能有效去除残留的油类物质和悬浮物，还可实现部分重金属离子、色度等污染物的协同去除，是保障采出水达到回注标准的关键环节之一。

混凝沉降是借助混凝剂对胶体粒子进行静电中和、吸附、架桥等使胶体粒子脱稳，在絮凝剂的作用下，发生絮凝沉淀以去除污水中的悬浮物和可溶性污染物。混凝沉降分为混合、反应和沉降三个过程。混合的形式有水泵混合、管道混合、反应器混合。反应器可分为旋流式反应器和涡流式反应器。目前采用的混凝剂主要有铝盐类、铁盐类、聚丙烯酰胺(PAM)类、接枝淀粉类等。

第一节　混凝工艺

一、混凝机理

混凝指“凝聚”和“絮凝”过程。一般认为水中胶体失去稳定性，即“脱稳”的过程称为“凝聚”；而脱稳胶体中粒子及微小悬浮物聚集的过程称为“絮凝”。在实际生产应用中，很难将“凝聚”和“絮凝”截然分开，只是在概念上可以这样理解。

混凝沉降是目前油田普遍采用的含油污水处理工艺。具体来讲，就是通过投加化学药剂等措施，使污水中难以沉降或上浮的胶体类污染物(例如细小的油珠)相互碰撞、聚集、中和电荷，聚集成大颗粒，从而使其能够沉降或上浮。

混凝对去除采出水中的铁和砷、镉等重金属离子、胶体硅，都有较好的效果。对于合成表面活性物质、放射性物质、浮游生物和藻类等的去除，混凝也是常用的一种处理方法。

混凝的机理至今仍不完全清楚，因为它涉及的因素很多，如水中杂质的成分和浓度、水温、水的 pH 值、碱度，以及混凝剂的性质和混凝条件等。归纳起来，主要有四个方面的作用：吸附架桥机理、吸附表面中和机理、压缩双电层机理、沉淀物网捕机理。

(一)吸附架桥机理

吸附架桥机理如图 4 –1 所示。吸附架桥作用主要是指链状高分子聚合物在静电力、范德华力和氢键力等作用下，通过活性部位与胶粒和细微悬浮物等发生吸附桥联的过程。本机理能解释当污水浊度很低时，有些絮凝剂效果不好的现象。因为污水中胶粒少，当聚合物伸展部分一端吸附一个胶粒后，另一端因无法吸附到第二个胶粒，只能与原先的胶粒粘连，就不能起到架桥作用，从而达不到絮凝的效果。在污水处理过程中，对高分子絮凝剂投加量及搅拌时间和强度都应严格控制，如加料量过大，一开始微粒就被若干高分子链包围，而无空白部位去吸附其他的高分子链，结果造成胶粒表面饱和产生再稳定现象。已经架桥絮凝的胶粒，如受到长时间的剧烈搅拌，架桥聚合物可能从另一胶粒表面脱开，又重卷回原所在胶粒表面，造成再稳定状态。显然，在吸附桥联过程中，胶粒并不一定要脱稳，也无须直接接触。这个机理可解释非离子型或带同号电荷的离子型高分子絮凝剂得到好的絮凝效果的现象。

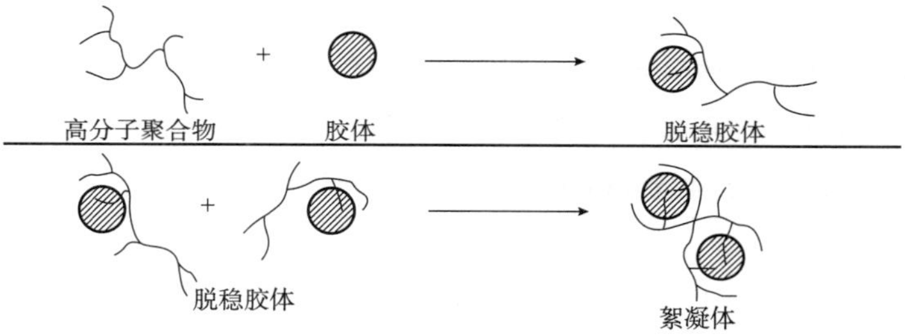

图 4 –1 高分子聚合物吸附架桥作用

(二)吸附表面中和机理

胶粒表面对异号离子、异号胶粒、链状离子或分子带异号电荷的部位有强烈的吸附作用，由于这种吸附作用中和了电位离子所带电荷，减小了静电斥力，降低了表面电位，使胶体的脱稳和凝聚易于发生。此时静电引力常是这些作用的主要方面。如三价铝盐或铁盐絮凝剂投料量过多，凝聚效果反而下降，可用该机理较好地解释，因为胶粒表面吸附了过多的反离子，使原来的电荷变号，排斥力变大，从而发生了再稳现象。

(三)压缩双电层机理

压缩双电层机理如图 4 –2 所示。由胶体粒子的双电层结构可知，反离子的浓度在胶粒表面处最大，并沿着胶粒表面向外的距离呈递减分布，最终与溶液中离子浓度相等。当向溶液中投加电解质，使溶液中离子浓度增高时，则扩散层的厚度将减小。该过程的实质是加入的反离子与扩散层原有反离子之间的静电排斥力将原有部分反离子挤压到吸附层中，从而使扩散层厚度减小。由于扩散层厚度的减小，电位相应降低，因此胶粒间的相互排斥力也减小。另外，由于扩散层厚度减薄，它们相撞时的距离也减少，因此相互间的吸引力相应变大，从而其排斥力与吸引力的合力由以排斥力为主变成以吸引力为主(排斥力消失)，胶粒得以迅速凝聚。

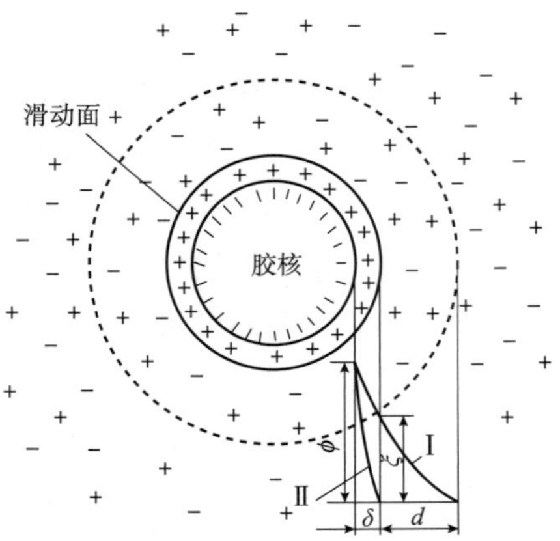

图 4-2　压缩双电层机理

(四) 沉淀物网捕机理

采用硫酸铝、石灰或氯化铁等高价金属盐类作为凝聚剂，当投加量大得足以迅速沉淀金属氢氧化物[如 $Al(OH)_3$ 和 $Fe(OH)_3$]或带金属碳酸盐(如 $CaCO_3$)时，水中的胶粒和细微悬浮物可被这些沉淀物在形成时作为晶核或吸附质所网捕。当水中胶粒本身可作为这些沉淀所形成的核心时，凝聚剂最佳投加量与被除去物质的浓度成反比，即胶粒越多，金属凝聚剂投加量越少。

混凝的四种机理，在污水处理中往往可能是同时或交叉发挥作用的，在一定情况下以某种机理为主。在污水处理中，混凝法通常必须与沉淀法配合使用，故称之为混凝沉淀法。它可以作为初级处理的手段，也可作为污水二级处理或深度处理的一种工艺。

二、混凝反应

混凝沉降法适用于悬浮物含量为 200～1000mg/L、油滴粒径小于 10μm 的含油污水。混凝沉降设备的主要作用是实现污水中的水与悬浮物分离。污水中的悬浮物在化学混凝剂的作用下变成大颗粒加速沉降，达到分离的目的。混凝工艺分为混合和反应两个阶段。

(一) 混合阶段

混凝剂与水能否急剧、充分混合的关键在于投药口的位置和混合设备的选择。目前各油田投药口大都设在压力管线上，为保证充分混合一般采用管式静态混合器，其喷嘴流速为 3～4m/s，混合时间一般为 10～20s，混合管线流速为 1.0～2.0m/s。当污水投加絮凝剂或助凝剂后，要求水流在剧烈的紊流流态下进行快速混合，为絮凝创造良好条件。混合主要有以下几种方式。

1. 水泵混合

水泵混合是指在输水泵的吸入管中加入混凝剂溶液，利用叶轮旋转产生的涡流进行混合。这种混合方式简便易行，能耗低，且混合均匀。应注意水泵离反应器不能太远，否则容易在输水管内形成细碎絮凝体。

2. 管道混合

管道混合是利用在管道内安装的多节固定分流板的管式静态混合器，使水流成对分流，同时产生交叉旋涡起反向旋转作用，从而实现快速混合。管道混合的结构如图 4 – 3 所示，管内水速宜采用 1.0 ~ 2.0m/s，投药后的管内水头损失在 0.3 ~ 0.4m。为了提高混合效果，可在管内增设孔板或 2 ~ 3 块交错排列的挡板［图 4 – 3(c) 和图 4 – 3(d)］。静态混合器的特点为：没有运动部件，维修方便，操作易连续化、费用低。

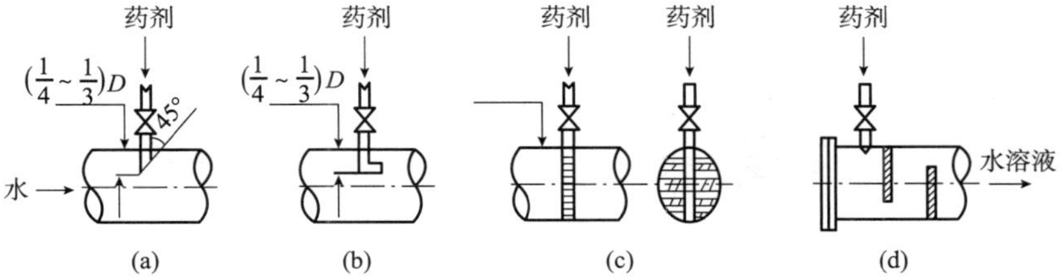

图 4 – 3　管道混合的几种方式

图 4 – 4 为常用的 SK 型静态混合器结构示意图，它由若干安装在直管段内的混合元件组成。当污水逐次流过每个元件时，即被分割成越来越薄的薄片，其数量按元件数的幂次方增加，最后由分子扩散达到均匀混合状态。

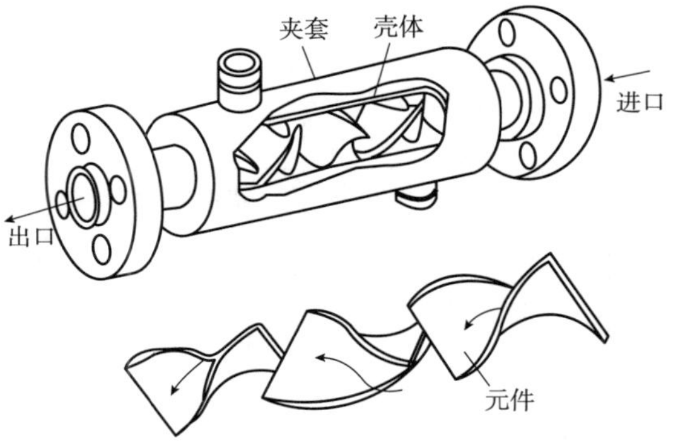

图 4 – 4　SK 型静态混合器结构示意图

3. 机械搅拌混合槽

机械搅拌混合槽通过搅拌桨快速旋转造成的紊流来完成混合，槽体结构如图 4 – 5 所示。为了提高混合效果，槽内宜设壁挡板。当混合与反应在同一槽内完成时，为了控制物料流向和一定的回流比，还应增设导流筒。槽体有效容积按水力停留时间 10 ~ 30s 计算，有时还乘以 1.2 的放大系数。对于桨叶外缘线速度，桨式取 1.5 ~ 3.0m/s，推进式取 5 ~ 15m/s。机械传动功率的计算可查看有关设计手册。

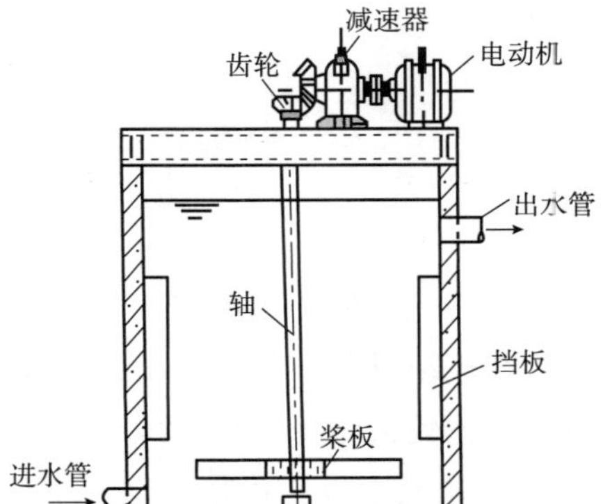

图 4 – 5　机械搅拌混合槽结构图

(二)反应阶段

油田采出水处理站一般不设单独的反应构筑物，多数设置反应与分离(沉淀)一体的卧式或立式混凝沉降设施。反应器根据反应的水力原理分为旋流式中心反应器、涡流式中心反应器。

1. 旋流式中心反应器

旋流式中心反应器工艺结构如图 4－6 所示。有效反应时间一般为 8～15min，喷嘴进口流速为 2～3m/s。图 4－7 为旋流式中心反应筒混凝沉降罐结构图。

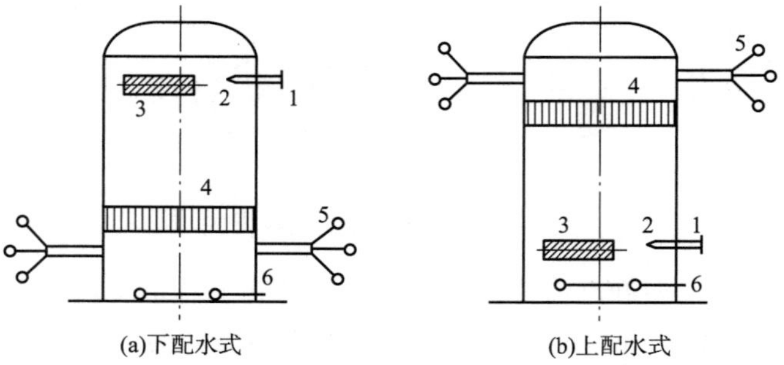

图 4－6　旋流式中心反应器工艺结构图

1—进水口；2—喷嘴；3—防冲导流板；4—整流格板；5—出口配水；6—排污口

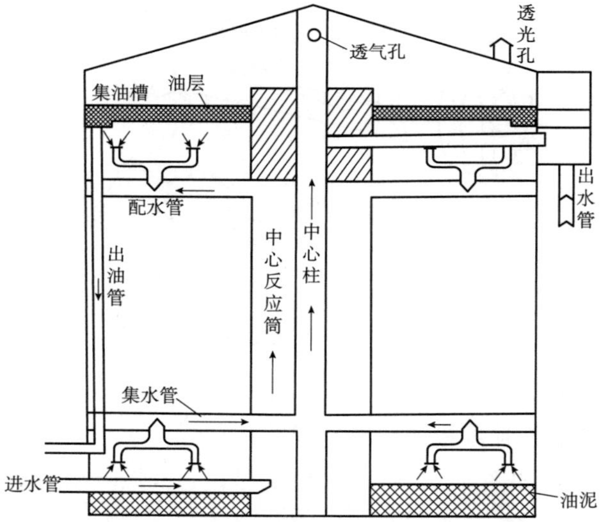

图 4－7　旋流式中心反应筒混凝沉降罐结构图

经自然除油后的污水加入混凝剂，进入反应器中反应形成矾花，经配水管进入混凝沉降罐，在流动过程中密度较小的污油携带大部分悬浮物上浮至油层，经出油管流出，少量相对密度比较大的悬浮物下沉至罐底，混凝净化后的水从出水管流出。

2. 涡流式中心反应器

涡流式中心反应器工艺结构如图 4－8 所示。有效反应时间一般为 6～10min，进水管流速为 0.8～1.0m/s，锥底夹角为 30°～45°。图 4－9 为涡流式中心反应筒混凝沉降罐示意图，其工作过程与旋流式中心反应器基本一致，只是将反应筒改为锥形反应筒，由旋流变为涡流。

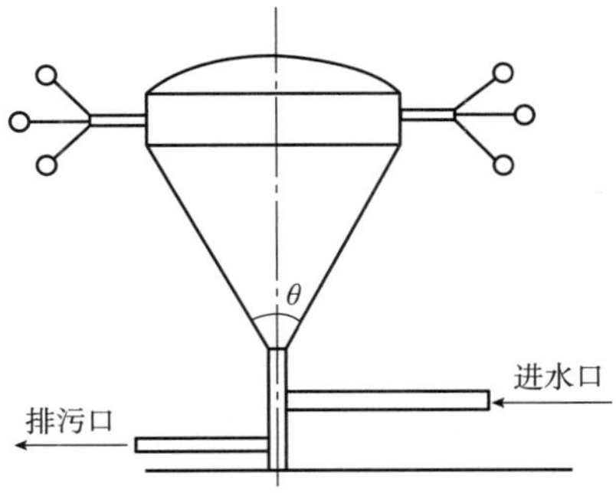

图 4－8　涡流式中心反应器工艺结构图

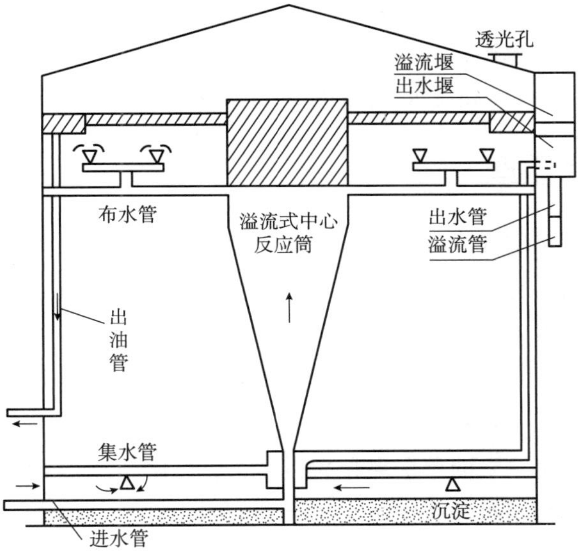

图 4－9　涡流式中心反应筒混凝沉降罐示意图

第二节　沉降工艺

油田采出水处理中的沉降工艺是指在重力作用下悬浮固体、悬浮液从水中分离的过程。因此，沉降要研究的是液相原油、固相颗粒在采出水中的迁移运动规律。沉降工艺之所以被广泛采用，主要是因为沉淀截留的污泥量大，而且构造简单，管理方便以及运行费用较低。对于悬浮杂质含量较多的污水，沉降工艺更是净水中必不可少的手段。

一、重力沉降原理

重力沉降是指在重力作用下，颗粒由于自身重力大于其所受到的浮力和阻力而产生向下的运动。根据阿基米德原理，物体在液体或气体中受到的浮力等于它所排开的液体或气体的重量。当颗粒的重力大于浮力和阻力之和时，颗粒就会下沉。例如，在一个静置的装满水的容器中，放入一些沙子颗粒。沙子颗粒的密度大于水的密度，其重力大于所受到的水的浮力。同时，在颗粒沉降的初期，其运动速度较慢，受到的阻力(主要是黏滞阻力)较小。随着颗粒速度的增加，阻力也会增大，直到阻力与重力和浮力的差值相等，颗粒会以一个恒定的速度(称为沉降末速)继续沉降。

重力沉降的影响因素如下。

(1)颗粒性质：颗粒的大小、形状和密度对重力沉降有显著影响。一般来说，颗粒越大、密度越大，其重力沉降速度也越快。例如，在相同的流体中，大的石块比小的沙粒沉降得快，因为大石块质量大，重力作用更明显。而形状不规则的颗粒相较于球形颗粒，在沉降过程中受到的阻力更大，沉降速度可能会变慢。

(2)流体性质：流体的密度和黏度也会影响重力沉降。如果流体的密度增大，颗粒所受浮力增大，沉降速度会减慢；流体的黏度增大，颗粒沉降时受到的黏滞阻力增大，沉降速度也会减慢。比如在蜂蜜(黏度大)中颗粒的沉降速度会比在水中(黏度小)慢很多。

二、絮凝沉降原理

絮凝沉降是在悬浮液中加入絮凝剂，使颗粒相互聚集形成较大的絮凝体，然后通过重力沉降实现分离。絮凝剂通常是一些高分子聚合物，它们可以吸附在颗粒表面，通过吸附架桥作用使颗粒相互连接。

在污水处理中，向污水中加入聚合氯化铝等絮凝剂。这些絮凝剂的分子链会吸附在污水中的悬浮颗粒(如泥沙、有机物颗粒等)表面，将多个颗粒连接在一起，形成较大的絮凝体。这些絮凝体的尺寸比原来的单个颗粒大得多，其沉降速度也相应加快，因为大的絮凝体受到的重力更大，同时相对表面积减小，受到的阻力在一定程度上减小。

三、区域沉降原理

(一)定义与基本原理

区域沉降(也称成层沉降)主要发生在高浓度的悬浮液中。当悬浮液浓度较高时，颗粒之间因距离较近而相互干扰。在沉降过程中，颗粒群会作为一个整体下沉，形成明显的沉降界面。在界面上方，液体的浓度相对较低，而在界面下方，是沉降的颗粒群。

在浓缩污泥的过程中，污泥浓度较高，其中的固体颗粒(如微生物细胞等)在沉降时会出现区域沉降现象。开始时，整个污泥层会以一定的速度下沉，形成一个清晰的泥水界面，随着沉降的进行，界面不断下降，下层的污泥逐渐被压实。

(二)特点和应用场景

(1)特点：沉降速度相对稳定，与颗粒浓度和颗粒之间的相互作用有关。它不像重力沉降那样单个颗粒独立沉降，而是颗粒群的协同沉降。而且沉降过程中可能会出现压缩阶段，即随着颗粒群的下沉，下层颗粒受到的压力增大，进一步被压实。

(2)应用场景：主要用于处理高浓度的悬浮液，如矿业中的尾矿浓缩、污水处理中的污泥浓缩等，通过区域沉降可以有效降低悬浮液的体积，方便后续的处理。

四、沉降设备

(一)沉降罐

油田采出水处理中常用的沉降设施有沉降池和沉降罐。根据水流方向，沉降池可分为平流式沉降池、辐流式沉降池和竖流式沉降池三种。沉降罐多使用全密闭式的设施，仅靠重力沉降的沉降罐叫作自然沉降罐；为提高沉降效果加入混凝剂进行混凝沉降的沉降罐叫作混凝沉降罐；为加速悬浮固体的分离，在罐内增加斜板组，增设斜板的沉降罐叫作斜板沉降罐。

混凝沉降罐的工艺结构如图4－10所示，除配水系统、集水系统、集排油系统、反应筒斜板组外，还优化了排泥系统，提高了排泥效率。

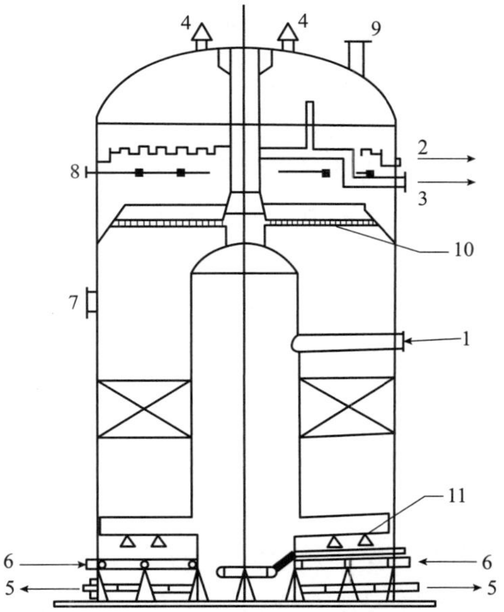

图4－10　混凝沉降罐工艺结构示意图

1—进水口；2—收油口；3—出水口；4—呼吸口；5—排污口；6—冲洗口；
7—人孔；8—蒸汽回水口；9—密封口；10—集水管；11—布水管

油田采出水经进水管进入中心反应区，再经配水管流入下部分离区。在下部分离区进行初步的重力沉降后通过斜板(管)区，进行进一步的沉降。沉降后的污水在上部集水区流入集水管，汇集后的污水由中心筒上部流出沉降罐；沉降下来的污泥在罐底环形空间沉积，由排泥系统排出沉降罐进入污泥处理系统。少量的浮油仍由上部集排油系统排出。

1. 沉降罐的运行

(1)沉降罐工艺参数的调整。

沉降罐要达到理想的沉降效果，其设计参数应根据现场生产实际需要而定，此处以中原油田所使用的沉降罐为例，介绍其工艺技术参数：

①常用沉降罐（容积 $1000m^3$）的处理能力为 $300m^3/h$。

②沉降罐液位应保持在 10.5m 左右。

③污水在沉降罐中停留时间一般为 3h。

④沉降罐应每 6～8h 排污一次。

⑤沉降罐出水悬浮固体含量应不超过 15mg/L。

⑥沉降罐出水含油量应不超过 5mg/L。

⑦沉降罐出水含铁量应不超过 1.5mg/L。

（2）沉降罐的投产。

1）投产准备。

管线清扫：需使用专业清扫工具，对沉降罐进、出口管线，收油管线，蒸汽管线，排污管线进行全面细致清扫，确保管线内部无灰尘、泥沙、铁锈等杂物残留。

管线试压、试漏：准备好试压泵、压力计等试压试漏设备，按照标准试压流程，对各管线逐步施加规定压力，持续观察压力变化，并利用肥皂水或专业检漏仪检查管线连接处、阀门、焊缝等部位有无泄漏情况，如有泄漏需及时标记并修复。

罐内清理与检查：携带强光手电筒，从人孔小心进入罐内，仔细检查罐内各个角落有无杂物，若发现杂物，使用铲子、扫帚等工具将其清理出罐外，并妥善处理杂物。

运用专业测量工具，沿罐体圆周及高度方向多点测量罐体有无变形，用手摇晃盘梯扶手、踏步，检查其牢固程度，同时查看避雷针、接地线和牺牲阳极的连接部位有无松动、腐蚀迹象，确保连接牢靠。

逐一检查沉降罐液位计、呼吸阀、阻火器、压力表等附件外观有无损坏，指针、表盘是否清晰正常，阀门开闭是否灵活，对于发现的问题及时记录并维修或更换。

孔道封闭：在确认罐内清理及检查工作无误后，技术人员使用专用密封垫片和螺栓，按照规定扭矩要求，封人孔、清扫孔、进料孔及透光孔，确保密封严实，防止泄漏。

2）投产操作。

进水操作：技术人员站在阀门操作井旁，缓慢且平稳地打开沉降罐进、出水阀门，开启过程中密切关注阀门开启度指示及水流声音变化，确保阀门正常开启，沉降罐开始进水。

液位监测：手持对讲机及液位测量仪，每隔一定时间（如 15min），靠近罐液位计读取液位数值，同时通过对讲机与中控室保持实时沟通，汇报液位情况，直至观察到出水口开始出水。

沉降效果分析：在罐进出口水流稳定后，严格按照取样操作规程，在指定取样口分别取适量水样，送至实验室做悬浮固体含量分析，根据分析结果填写沉降效果监测报表，为后续工艺调整提供依据。

3）沉降罐停运。

关闭阀门：按照关闭流程，缓慢旋转关闭进水阀门，同时通过观察水流指示器确认水流停止，并做好关闭记录。以同样的操作关闭出水阀门，确保罐内水流截断。

排水排污：根据工艺需求，技术人员小心打开罐底部排污阀门，开启过程中注意控制阀门开度，缓慢排水，排水过程中与相关岗位保持密切联系，实时通报排水进度，防止冒池现象发生，直至将罐内水放尽。

(3)沉降罐的排污。

1)手动排污。

①手动排污前准备。

排污池液位调整与阀门检查：通过查看液位计来调整排污池液位，使其具备排污条件。随后，仔细检查排污池进水阀门、手动操作阀门的开关，感受其开闭是否灵活，同时查看阀门外观有无损坏、渗漏迹象，确保阀门灵活好用。

沉降罐液位调整与阀门检查：依据罐内液位计显示，合理调整沉降罐液位，达到可进行排污的状态。然后对沉降罐排污阀门进行全面检查，运用专业工具对阀门的连接部位、密封件等进行查看，手动多次开关阀门，检查其灵活性，若发现问题及时记录并尝试修复或上报等待维修。

协调沟通工作：使用对讲机或电话等通信工具，与相关岗位(如中控室、上下游关联岗位等)取得联系，清晰告知对方即将进行手动排污操作，明确各岗位在操作过程中的职责与配合要点，确保各方做好协调配合工作。

②操作步骤。

开启排污池进水阀门：缓慢旋转打开阀门，开启过程中注意观察阀门开启度指示，同时留意水流进入排污池的声音及水流状态变化，确保阀门正常开启，使水流顺利进入排污池。

快速开启沉降罐排污阀门：快速旋转打开排污阀门，确保阀门能瞬间达到较大开度，实现快速排污，但要注意操作时的用力均匀性，避免因用力过猛对阀门造成损坏。

打开排污取样阀门：在沉降罐排污阀门开启后，按照操作规程找到排污取样阀门位置，小心打开该阀门，为后续观察排污情况及取样做好准备，操作过程中要确保阀门完全打开，防止出现取样不准确等问题。

排污水变清后关闭排污阀门：密切观察排出污水的颜色、透明度等情况，当发现排污水逐渐变清时，立即按照关闭流程，双手操作沉降罐排污阀门，缓慢旋转关闭阀门，同时通过观察排污管道内水流情况确认阀门关闭严实，防止出现泄漏。

重复操作三次，做冲击性排污：按照上述步骤，再次依次打开排污池进水阀门、沉降罐排污阀门、排污取样阀门进行排污，如此重复操作三次，每次操作间隔要控制好，形成冲击性排污效果，以更好地排出罐内污物。在每次重复操作过程中，同样要关注各阀门的开闭状态及污水排放情况。

关闭沉降罐排污阀门，排污结束：完成三次冲击性排污后，最后一次关闭沉降罐排污阀门时，要格外仔细，确保阀门完全关闭，然后再次检查阀门周围有无渗漏等异常情况，确认排污结束。

关闭排污池进水阀门：回到排污池进水阀门处，按照关闭程序，缓慢旋转关闭该阀门，关闭后查看阀门关闭标识是否到位，通过观察排污池内水位变化等确认水流已截断，防止出现阀门未关严导致的后续问题。

做好记录：操作完成后，要及时、详细地在操作记录手册上记录手动排污的时间、排污次数、各阀门开闭情况、排污过程中观察到的污水状态等关键信息，为后续的数据分析及设备维护提供参考。

2）自动排污。

①排污池相关检查与调整：首先查看排污池液位计，根据实际情况合理调整排污池液位，使其具备排污条件。接着对排污池阀门进行细致检查，手动操作阀门，检查其开闭的灵活性、密封性，查看阀门外观有无损坏、腐蚀等情况，确保阀门能够正常使用。

沉降罐相关检查与调整：参照罐内液位计，调整沉降罐液位至合适状态，便于后续自动排污。然后认真检查沉降罐排污阀门连接是否牢固、密封是否良好，手动开关阀门，测试其灵活性，若存在问题及时做好记录并进行相应处理或上报。

协调与供气准备：通过通信工具与相关岗位进行沟通协调，告知对方即将开展自动排污操作，明确各岗位的职责与配合事项。之后，前往供气阀门处，打开供气阀门，同时使用专业的压力检测仪表，检测供气压力，确保其压力在0.4MPa以上，若压力不足，要及时排查供气系统是否存在故障并进行相应调整。

②操作步骤。

打开排污池进水阀门：按照操作规程，缓慢旋转打开阀门，操作过程中密切关注阀门开启度指示以及水流情况，确保阀门顺利打开，水流能正常进入排污池，为自动排污创造条件。

点击电脑屏上“排污”按钮，沉降罐自动排污开始：移步至操作电脑前，登录相关操作界面，仔细核对各参数设置无误后，用鼠标准确点击电脑屏上的“排污”按钮，启动沉降罐自动排污程序，随后密切观察电脑界面上显示的排污状态信息（如排污流量、阀门开闭状态等），确保自动排污过程正常进行。

排污结束后关闭排污池进水阀门：当电脑界面显示排污结束后，技术人员迅速前往排污池进水阀门处，按照关闭流程，缓慢且平稳地旋转关闭阀门，关闭后再次确认阀门是否关闭严实，通过查看水流指示器等方式确认水流已截断，防止出现意外排水情况。

关闭供气阀门：来到供气阀门位置，缓慢旋转关闭供气阀门，同时查看供气压力仪表，确认供气压力降为零，确保供气系统停止供气，避免出现供气浪费或因持续供气引发的安全隐患。

做好记录：在整个自动排污操作完成后，技术人员要及时在对应的操作记录表格中，详细记录本次自动排污的启动时间、结束时间、排污过程中各项参数情况、各阀门开闭情况等关键信息，以便后续查阅和分析总结。

2. 沉降罐的维护

（1）检查内容及操作要点。

罐体及配套管阀检查：技术人员需按照规定巡检路线，携带手电筒、工具包等，围绕沉降罐仔细查看罐体外观有无变形、腐蚀、渗漏等情况；对配套的进、出口管阀，排污管阀，液位调节阀等，通过手动操作阀门感受其开闭灵活性，查看阀门连接部位有无松动、泄漏迹象；同时检查管道表面有无破损、锈蚀，确保罐体及配套管阀完好。

液位显示准确性检查：来到沉降罐液位计处，将现场液位计显示数值与中控室监控系统上对应的液位显示读数进行对比，若两者存在偏差，需进一步检查液位计的连接线路、传感器等部件是否正常，可通过轻轻敲击液位计外壳、查看有无故障报警提示等方式来进行初步判断，必要时使用专业校准工具对液位计进行校准，保证液位显示准确。

进水量和液位情况检查：查看进水管道上的流量表读数，记录当前进水量，并与工艺要求的进水量范围进行对比，同时观察沉降罐液位计显示的液位高度，判断液位是否处于正常波动区间内，若进水量或液位出现异常，要沿着进水管道排查可能存在的堵塞、阀门未正常开启等问题，及时进行调整。

液位调节阀运转情况检查：液位调节阀的动作情况，查看其在调节过程中是否存在卡滞、动作迟缓等现象，可通过手动操作调节阀的调节手柄，感受其调节阻力是否均匀正常，同时留意中控室对该调节阀开度的控制指令与实际执行情况是否相符，若发现运转不正常，要及时对调节阀进行检修或调试。

工控机及相关仪表检查：进入操作间，查看工控机的运行界面，确认有无故障报警信息弹出，各控制参数设置是否正确，各功能模块是否正常运行。然后依次检查气动调节阀、气动蝶阀的开闭状态是否与工控机指令一致，阀门的密封性能是否良好，以及液位显示控制仪表的显示是否清晰准确、数值是否合理，对于出现异常的仪表设备做好记录并及时报修。

仪表风源及供风管线检查：使用专业的压力检测仪表，在仪表风源处测量压力，确保压力在0.4MPa以上，同时沿着供风管线逐步检查，查看管线有无破损、泄漏情况。可通过涂抹肥皂水等方式来检测微小泄漏点，若发现压力不足或有泄漏问题，要及时排查仪表风源故障以及对供风管线进行修复或更换。

(2)积油处理。

积油情况判断与操作：在巡检过程中，要留意沉降罐内液体表面是否有油层积聚现象，可通过观察罐内液体颜色、透明度变化以及利用油含量检测仪器进行初步检测来判断。若发现有积油情况，应立即启动收油操作流程，打开相应的收油阀门，将积油收集至专门的收油容器或输送至后续处理环节，操作过程中要严格控制收油速度和收油阀门开度，避免因操作不当引起其他工艺问题，收油完成后关闭收油阀门，并做好记录。

(3)出水取样对比。

取样操作与结果处理：按照标准取样操作规程，在沉降罐出水口处进行取样，将取出的水样做好标记(标注取样时间等关键信息)后，与之前的水样进行对比，重点观察水样的浑浊程度、颜色、有无杂质等情况。若发现出水较浑，要及时分析原因(可能是沉降效果不佳、罐内有异常扰动等情况导致)，需进一步检查沉降罐的运行参数、内部构件等是否正常。同时可采取适当增加排污次数、调整进水流量等措施来改善出水水质，并将采取的措施及后续水质变化情况做好详细记录。

(4)罐底淤泥清理及内部构件检查。

年度清理及检查计划：每年要制订专门的沉降罐罐底淤泥清理计划，安排合适时间对沉降罐进行停产清理操作。在清理前，要做好各项安全措施(如切断电源、排空罐内液体、进行通风置换等)，然后进入罐内，使用铲子、高压水枪等工具对罐底淤泥进行清理，清理过程中要注意避免损伤罐内部构件。同时，仔细检查内部构件(如盘梯、支撑结构、液位计安装部件等)是否有损坏、腐蚀等情况，对于发现的问题及时记录并安排修复或更换，清理及检查完成后，做好相应的记录存档，为后续的维护保养提供参考依据。

3. 沉降罐的故障处理

沉降罐的常见故障、可能原因及处理方法见表4－1。

表4－1 沉降罐的常见故障、可能原因及处理方法

常见故障	可能原因	处理方法
沉降效果不好	药剂的投加浓度不够	及时调整药剂投加浓度
	来水量过大，超出了沉降罐的处理能力	合理控制来水量，保持水量平稳
	水量波动较大	
	沉降罐内部构件损坏	停罐检修
污泥高度超过允许值	停留时间不足	调整处理量
	排污量不够	调整排污量
污泥不能有效排出	排泥构件不合理或损坏	停罐检修
	管线堵塞	加大冲洗频率

(二)压力式混凝逆流沉降罐

压力式混凝逆流沉降罐为卧式装配，如图4－11所示，设备首段为组合式混反应部分，外侧环空为旋流反应，内侧锥形空间为涡流反应；中段为整流过渡和配液区，中后段为逆流斜板(管)沉降分离区，后段为集水出流部分。设备中段、中后段上部为浮渣、污油收除构件，中部为配水分离区，下部为污泥集聚和排除构件。

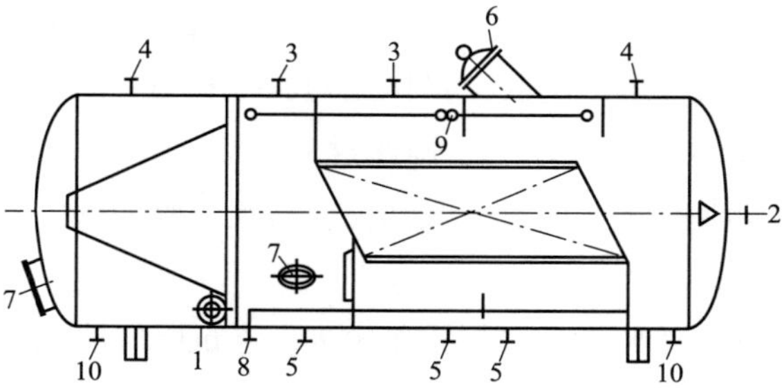

图4－11 压力式逆向流沉降罐工艺结构示意图

1—进水口；2—出水口；3—收油口；4—安全口；5—排污口；6—进料口；
7—人孔；8—冲洗水口；9—蒸汽口及回水口；10—放空口

(三)平流式沉降池

平流式沉降池如图 4－12 所示，是使用广泛的一种沉降池，池表面呈长方形。流入装置为横向潜孔，潜孔均匀地分布在整个宽度上，在潜孔前设挡板，其作用是消能，使污水均匀分布。出水装置多采用自由堰形式，堰前也设挡板，以阻拦浮渣，或设浮渣收集和排除装置。油田采出水通过流入装置均匀分布于整个池内进行沉降，沉降下来的污泥沉积在池底储泥斗内，通过排泥管排出进入污泥处理系统。沉降后水通过流出装置进入下一道处理工序。

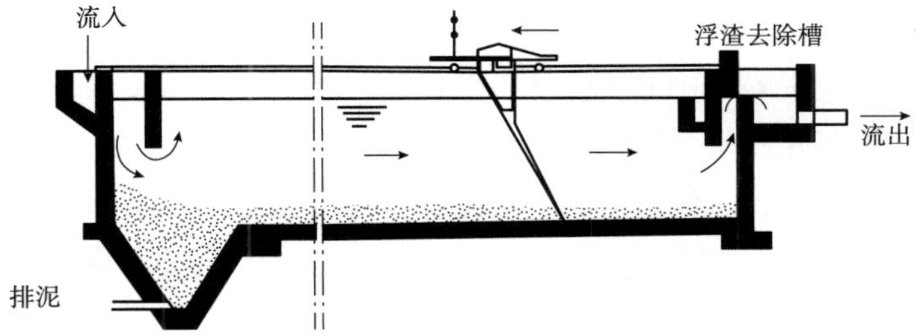

图 4－12 平流式沉降池

混凝沉降罐主要用于处理含油、悬浮物浓度较高的采出水，具有结构简单、处理量大的特点；压力式混凝逆流沉降罐通过压力操作和逆流设计，能够更好地处理油水界面不稳定的采出水；平流式沉降池则适用于处理含油浓度相对较低、水质波动不大的采出水。

混凝沉降技术在油田采出水处理中发挥着重要作用，通过不同类型设备的合理选择和应用，能够有效实现油水分离和悬浮物去除。了解各类设备的特点和适用条件，优化运行参数和管理维护，对于提高采出水处理效率、保障回注水质量具有重要意义。随着油田开发进入中后期，这一技术将继续在采出水处理领域发挥重要作用。

第五章　过滤技术

过滤是油田采出水处理系统中的关键处理单元。过滤是采出水流经由过滤介质组成的装置，使油类、悬浮固体和胶体被截留在过滤介质的表面或内部空隙中，使水得到净化的方法。过滤不但能大幅去除水中悬浮固体及胶状物，而且还可以去除部分细菌、藻类、病毒、油类、铁和锰的氧化物等物质。

根据过滤效果的不同，过滤可分为一般过滤、精细过滤和超精细过滤三种。根据现场工艺要求可采取不同的组合方式。一般过滤也就是压力过滤通过对滤料的选用来达到一定的过滤效果；精细过滤则一般使用成型材料的滤芯代替滤料实现更精细的过滤；超精细过滤则使用膜技术来更精细地处理。

第一节　过滤的基本原理

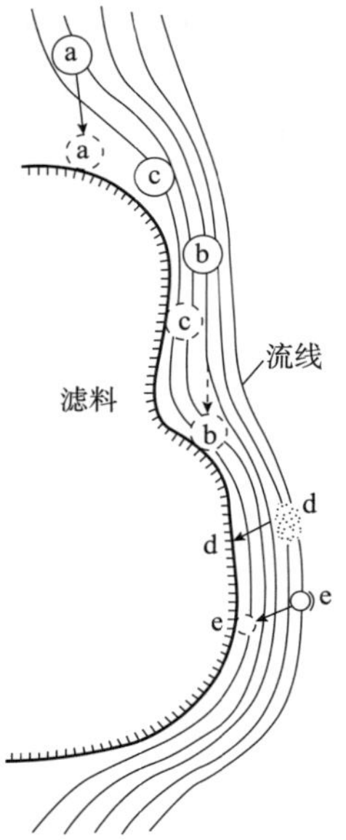

图 5－1　悬浮物向滤料表面的迁移机理
a—沉淀；b—惯性；c—截阻；
d—扩散；e—动力效应

悬浮颗粒在滤层孔隙水流中的迁移有以下五种基本作用：①沉淀；②惯性；③截阻；④扩散；⑤动力效应。对一个颗粒来说，可能同时受几种作用，但起主导作用的只能是一种或两种，主要取决于粒度的大小。各种作用如图 5－1 所示。

沉淀作用在 20 世纪初被提出，把滤料间的孔隙看作一个微型沉淀池，但后来的分析认为，只有当颗粒很接近滤料颗粒表面时(例如 20μm 以内)，水流的速度很小，由重力所产生的沉速才足以影响颗粒物的运动，最后完成去除的作用。

惯性作用是指颗粒物由于本身的速度所具有的惯性力起的作用。当惯性力足够大，以至把它抛到滤料颗粒的表面上时，即完成了迁移的过程。

当悬浮颗粒物沿着一条流线运动，以至最后与滤料颗粒的表面接触时，这种俘获就称为截阻作用。

当滤层孔隙内存在悬浮颗粒物的浓度梯度，并使颗粒物扩散到滤料颗粒表面上时，俘获的机理就属于扩散的作用。

水流动力效应：滤层中曲曲折折的水流通道是由无数多的形状极不规则的孔隙串联成的，这使每一个孔隙中的水流形成一个随时间变化的非均匀层流流场，在这流场中的颗粒物，将会在产生旋转运动的同时，跨越流线做横向运动。形状不对称的颗粒，这种运动还会得到加强。孔隙中颗粒物的横向运动，使它能到达滤料颗粒表面，完成去除的作用。

第二节　过滤的效率

衡量压力过滤的效率，可以从过滤速度和过滤阻力来分析。

一、过滤速度

单位过滤面积上的过滤流量即过滤速度(简称滤速)即

$$\nu = \frac{Q}{A} \tag{5-1}$$

式中　ν——滤速，m/d 或 m/h；

Q——过滤流量，m^3/d 或 m^3/h；

A——过滤面积，m^2。

常用的滤速为 100～1000m/d。单层滤速一般为 120～250m/d，双层滤速一般为 200～400m/d。对双向流滤池来说，只表示一个方向的流速。当滤速超过 400m/d 时，常使用高分子混凝剂(Polymeric Coagulant，PC)来提高净化效果。

究竟采用多大的滤速是设计中最重要的问题之一，如果滤速小，必然使过滤面积大，因而不经济；如果滤速过大，则过滤持续时间太短。通过计算求出最佳滤速是很困难的，必须在综合考虑经济性、过滤持续时间和滤过水质的基础上，参考上述滤速范围并根据经验加以确定。

二、过滤阻力

当水体通过滤层时，在滤层的进水侧和出水侧产生水头差，这个水头差称为过滤水头损失或过滤阻力，其值随过滤时间延长而增大。滤池常以过滤阻力达到预定值作为结束过滤的标志，当过滤阻力在某一值以下时，如果事先知道过滤出水质符合容许值范围，那么即使把过滤阻力作为终止过滤的标志，仍能保证滤过水的水质。从图 5－2 中可看出，可能达到的最大过滤阻力与池高度有关。

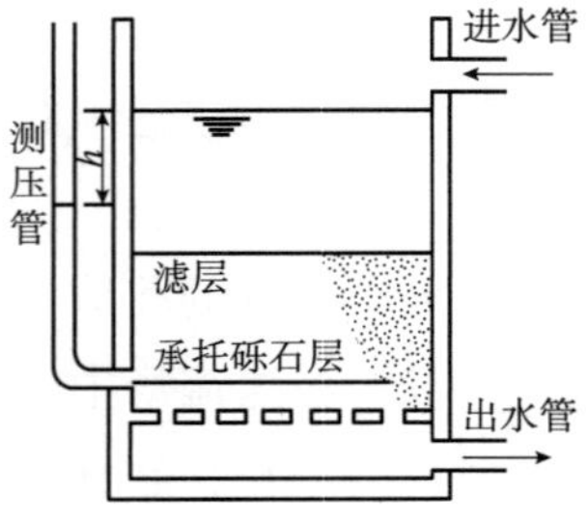

图 5－2　过滤阻力
（以图中的 h 表示）

过滤阻力在设计上是决定构筑物高低的一个指标，在运行上是停止过滤的时间指标，是一项过滤重要指标。

过滤阻力 h 是随截留悬浮物的增加而加大的。当截留悬浮物总量相同，截留方式不同时，其过滤阻力的增加情况也不同。例如，下向流过滤时，悬浮物多被截留于滤层的表层，那么过滤阻力增加得较快；但悬浮物若能到达滤层深处而被截留，那么过滤阻力的增加也就要慢一些。

关于过滤阻力的一般规律归纳如下：

（1）滤料粒径越粗，过滤阻力的绝对值增大得越慢。

（2）对于悬浮物截留量及截留模式都相同的滤层来说，过滤阻力与滤速呈反比例变化。

（3）当滤速变大时，初期过滤阻力也大；但悬浮物进入滤层的深度也大。所以对同一截留悬浮物数量而言，过滤阻力的增高较慢。

（4）对一定浓度的原水进行等速过滤时，过滤阻力在开始时按比例上升，随后则急剧加大。

第三节　滤料

滤料在很大程度上影响过滤的效果，不同的杂质选用的滤料也不同。

一、滤料的种类

滤料的作用在于具有吸附悬浮固体的表面积，过滤罐主要是靠滤料使水净化。常见的天然滤料包括石英砂、无烟煤粒，此外，核桃壳、石榴石、磁铁矿砂和金刚砂等也可以使用。人工优质轻质滤料包括聚苯乙烯球粒、陶粒以及经过改性处理的纤维球（束）等，这些滤料通常具有更好的物理和化学性能，可满足更精细的过滤要求。

二、滤料的性能

滤料一般是固体颗粒，需要满足下列要求。

（1）有足够的机械强度：在冲洗过程中机械强度低的颗粒由于摩擦会破碎，破碎的细粒容易进入过滤水中，摩擦与破碎使颗粒粒径变小，这样更增加了滤层的水头损失；而且滤料在冲洗时也将会被水流带出滤池，增加了滤料的损耗。所以，滤料必须具有足够的机械强度。

(2)具有足够的化学稳定性：在过滤的过程中，滤料与水不能发生反应，不能含有对人体健康和生产有害的物质。

(3)具有一定的颗粒级配和适当的孔隙度。

(4)外形接近于球状，表面比较粗糙而有棱角：球状颗粒间的孔隙比较大，表面粗糙的颗粒，其比表面积较大，棱角处吸附力较强。

三、滤料的颗粒级配

滤料颗粒的大小用“粒径”表示，因为滤料不是球形，所以粒径是指能把滤料颗粒包围在内的一个假想的球面直径。通常用不同网孔的筛子来确定滤料的粒径。例如，一般过滤罐中所用滤料，能通过18目(孔径为1mm)的网孔，但截留在36目(孔径为0.5mm)的筛上，则滤料最大粒径为1mm，最小粒径为0.5mm。

为了更明确地选择滤料，只有最大和最小粒径是不够的，还必须考虑滤料的均匀程度，也就是滤料的级配情况。滤料级配是指滤料粒径大小不同的颗粒所占的比例。具有适当的滤料级配，才能取得良好的过滤效果。以中原油田文留采油厂第二污水处理站(简称文二污)压力过滤罐滤料装填方式为例介绍，其装填规格见表5－1。

表5－1 中原油田文二污压力过滤罐滤料规格

层次(自上而下)	粒径/mm	厚度/mm
1	0.3～0.5	500
2	0.5～1	200
3	1～2	100
4	2～4	100
5	4～8	100
6	8～16	100
7	16～32	100

四、反冲洗

影响滤料反冲洗效果最重要的因素是反冲洗强度。反冲洗强度是指滤池单位面积在单位时间内所用的反冲洗水量，以$L/(m^2 \cdot s)$表示。为保证反冲洗强度，必须维持必要的反冲洗压力。

现行的反冲洗方式有水冲洗和气－水冲洗两种。单独用水冲洗滤层时，依靠从滤层下部喷出的压力水使滤层处于流态化，并利用滤料颗粒相互碰撞将截留的悬浮物冲洗下来。

气－水冲洗滤层是用空气气泡搅动滤层，使悬浮固体自滤料颗粒上脱落下来，再用水将其冲走。

第四节　过滤的种类

一、一般过滤

一般过滤为压力过滤，其压力来源于加压泵，通过调整加压泵的压力和流量，可以控制污水通过滤料层的速度，从而影响过滤效果和效率。

(一)压力过滤罐

在油田采出水处理工艺中压力过滤罐是最通用的过滤设备，它既可是立式的，也可是卧式的，常用的以立式压力过滤罐为主。

压力过滤罐主要由滤层、垫层、配水系统及进水管和出水管组成，压力过滤罐的结构如图5－3所示。

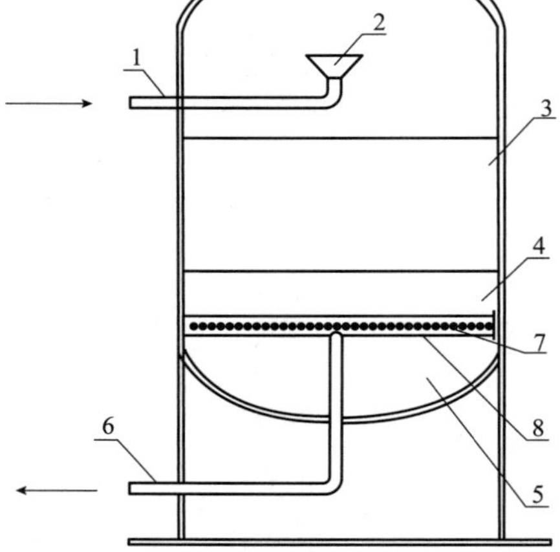

图5－3　压力过滤罐结构示意

1—进水管；2—布水头；3—滤层；4—垫层；5—承托层；
6—出水管；7—配水支管；8—配水总管

压力过滤罐的工作原理是污水依靠加压泵的压力进入滤层上部，水流由上而下，经过滤层、垫层、配水支管、配水总管到出水管，实现污水的过滤。

压力过滤罐反冲洗时的工作原理是清水依靠反冲洗泵的压力，从压力过滤罐底部的反冲洗水管由下而上，经配水总管、配水支管、垫层、滤层经反冲洗排水管排出到反冲洗回水池进行回收。

压力过滤罐的优点是净化水量大，在密闭系统中使用，能在高流速下进行操作。

压力过滤罐的缺点是操作人员不能在过滤或反冲洗过程中检查过滤罐的过滤情况，需停止过滤操作，才能取得过滤介质的试样或检查滤床。

（二）压力过滤罐的操作

1. 压力过滤罐的工艺参数（以中原油田为例）

设计水温为40～45℃。过滤速度为7～10m/h，反冲洗强度为10～15L/（m^2·s），反冲洗时间为5～10min，进水含油<5mg/L。

2. 压力过滤罐的投产

在进行过滤罐相关操作时，需遵循以下流程：①依次细致检查阀门是否灵活好用、仪表是否完好以及法兰连接部位是否牢固，这是确保后续操作安全、稳定运行的基础。②关闭过滤罐进、出口阀门及反冲洗阀门，同时打开排污阀门和放空阀门，并开启滤前、滤后连通阀门，以准备后续冲洗工作。③启动加压泵冲洗管线，在此过程中保证投产前对过滤罐进、出水管线冲洗干净，无杂物残留。④关闭放空阀门及排污阀门，打开过滤罐进、出口阀门，再关闭滤前、滤后连通阀门，使过滤罐开始进水，待其进满水后，停加压泵并再次关闭过滤罐进、出口阀门。⑤打开反冲洗进、出水阀门，按照反冲洗操作要求进行作业，且反冲洗水质必须合格。⑥关闭反冲洗进、出水阀门，接着打开过滤罐进口阀门和排污阀门，启动加压泵对过滤罐开展初滤，务必确保投产前进行初滤且初滤水合格后方可投产，待排污阀门排出水水质达标后，打开过滤罐出口阀门，关闭排污阀门。⑦持续观察过滤罐进、出口压力，并做好详细记录。

3. 压力过滤罐的过滤

在进行过滤罐相关操作时，需遵循以下流程：①认真完成以下检查工作，一是检查阀门是否灵活好用，二是检查压力表等仪表是否完好，三是检查加压泵是否完好，这一系列检查能为后续操作的顺利开展提供保障。②打开过滤罐出口阀门以及进口阀门，随后严格按启泵操作规程启动加压泵，并且根据过滤罐的技术要求，合理调整加压泵的压力和流量。同时过滤压力、流量应控制在过滤罐设计范围内，以防出现异常情况。

在过滤罐运行期间，要注意观察各方面情况，当停运某个过滤罐时，要仔细观察其他运行的过滤罐的压力变化，避免过滤罐超负荷运行。在过滤时，压力应由加压泵出口阀门或过滤罐进口阀门控制，不得由过滤罐出口阀门控制，开、关阀门时，务必平稳操作，防止损坏阀门。操作完成后，要录取相关数据，并做好详细记录。

4. 压力过滤罐的反冲洗

在对过滤罐进行反冲洗操作时，需依照以下流程执行：①关闭过滤罐的进、出口阀门，接着打开过滤罐排污阀门和顶部放空阀门，按照一般要求进行排污，时长控制在3～5min，排污完成后关闭排污和放空阀门。②依次打开过滤罐反冲洗出水阀门以及反冲洗进水阀门，启动反冲洗泵，开始反冲洗过滤罐滤料层。

在反冲洗过程中，要严格遵循相关技术要求，一是启泵、停泵时，必须严格按操作规程操作；二是反冲洗前要彻底排污，以形成足够的充水空间；三是反冲洗强度应控制在过滤罐设计范围内；四是反冲洗排量由反冲洗泵出口阀门或过滤罐反冲洗进水阀门控制，不得由反冲洗出水阀门控制。同时，要对反冲洗进水和出水取样观察，对比进、出水水质，反冲洗时间一般控制在5～10min，在此期间持续关注水质情况，当进、出水水质一致时，方可停止反冲洗。

反冲洗完成后，停运反冲洗泵，关闭过滤罐反冲洗进、出水阀门，之后打开过滤罐排污阀。再打开过滤罐进口阀门，3～5min后，打开过滤罐出口阀门，关闭排污阀门，接着打开过滤罐顶部放空阀门，待排净空气后关闭该阀门。

5. 压力过滤罐的停运

执行过滤罐停运操作时，需按以下流程有序开展：①与相关岗位人员取得联系，相互配合，这是保障整个停运操作顺利进行的前提。关闭过滤罐进、出口阀门，同时打开反冲洗进、出水阀门，随后启动反冲洗泵，对待停运的过滤罐依据严格的反冲洗操作规程进行反冲洗操作。②反冲洗结束后，停运反冲洗泵，并关闭反冲洗进、出水阀门。然后，打开过滤罐顶部放空阀门以及排污阀门，待排污彻底后，按照要求关闭顶部放空阀门，再关闭排污阀门。

在整个操作过程中，要时刻留意过滤罐所有阀门是否关闭严密，不应出现渗水或漏水的情况。

及时填写报表，认真记录停运时间等相关参数，确保整个停运操作的各项关键信息都能准确记录留存。

（三）压力过滤罐的维护

1. 压力过滤罐的运行

在压力过滤罐运行期间，应当定时进行巡回检查工作。具体而言，要仔细检查过滤罐本体是否存在渗漏情况，这对于保障罐体整体的密封性以及安全性起着关键作用；认真查看各法兰连接处是否渗漏，防止因这些连接部位出现问题而干扰整个过滤系统的正常运行；严格确认各管网运行是否正常，以确保整个过滤系统的水流能够顺利输送；时刻留意过滤压力是否处于合理的区间，保证过滤工作能按标准要求开展；密切关注气源压力是否正常，从而为相关操作提供稳定可靠的动力支撑。

需要定期对过滤出水水质实施监测，因为水质状况直接体现了过滤罐的实际工作成效。一旦发现过滤效果不佳，技术人员要凭借专业知识和经验及时分析原因，如排查是否为滤料堵塞、相关部件损坏等所导致，随后依据分析结果精准地采取相应措施，确保过滤出水能够持续稳定达标。

通常情况下，应每8h对过滤罐进行一次反冲洗操作。在每次反冲洗时，技术人员要着重检查反冲洗压力以及反冲洗出水的情况，通过对这些关键指标的专业判断来科学评估反冲洗效果。同时，还要全面且细致地检查各部分阀门，查看其动作是否灵敏，开关是否可靠，以此保障阀门能够正常发挥功能，确保反冲洗流程得以顺利进行。

压力滤罐运行时应注意经常排气，以免罐顶积气过多影响过滤效果。

2. 压力过滤罐的维护流程

压力过滤罐正常运转的关键在于控制好反冲洗强度。

压力过滤罐正常工作时，应每半年检查一次，看滤层有无因跑砂而变薄，凹凸不平和积泥、结壳等异常现象。平时还应通过观察压力过滤罐工作周期有无缩短、出水水质有无变化等来判断有无问题，发现问题应及时处理。例如，滤料减少时应加以补充；发现石英砂表面有结垢现象，严重影响处理效果时，应及时进行酸洗。酸洗的方法是用2%工业盐酸，加入1%的甲醛作杀菌剂，将配制好的酸洗液倒入罐内静置24h左右，待酸洗液表面不冒泡为止，然后排空酸洗液，再用水进行反冲洗滤料，直至干净。

3. 压力过滤罐的故障处理

压力过滤罐的常见故障、可能原因及处理方法见表5－2。

表5－2 压力过滤罐的常见故障、可能原因及处理方法

常见故障	可能原因	处理方法
过滤效果差	滤料结垢、污染严重，过滤能力降低	对滤料进行酸洗，去除结垢和污染物；若酸洗无效，则更换滤料
	反冲洗强度过大，滤料被冲走	严格按照设计反冲洗强度操作，避免强度过大；及时补充被冲走的滤料，确保滤料数量及分布符合要求
	反冲洗强度不够，反冲洗时间短	严格按照设计反冲洗强度操作，并适当延长反冲洗时间，确保滤料被清洗干净
	反冲洗周期过长，截留物穿透有效滤层	合理确定反冲洗周期，及时安排反冲洗，防止截留物过度积累
反冲洗压力高	反冲洗进、出水阀门故障，未打开	检修进、出水阀门，修复损坏部件或清理堵塞物，确保阀门正常开启
	滤罐集水管内有堵塞物	对集水管进行全面检修，清理堵塞物，确保水流顺畅通过
	布水头因结垢堵塞	清理布水头的结垢物，疏通布水头，恢复其正常过水功能
过滤压力高	过滤罐进、出口阀门故障，未打开	检修进、出口阀门，修复故障点，确保阀门正常开启，水流顺畅通过
	过滤罐布水头、集水管因结垢堵塞	检修布水头和集水管，清理结垢物，恢复其正常过水能力，减少水流阻力
	过滤罐内滤料结垢膨胀，阻力增加	对滤料进行酸洗，去除结垢；若酸洗无效，则更换滤料，降低罐内阻力

二、精细过滤

精细过滤可采用成型材料，如烧结滤芯、不锈钢烧结网滤芯、金属粉末烧结滤芯、聚丙烯折叠式滤芯、陶瓷滤芯、纤维缠绕滤芯等，油田使用较多的是改性纤维材料的滤料，可将不易沉淀去除的微小悬浮固体截留，滤速比传统砂滤料高3倍，过滤效果好。

本节主要介绍一种改性纤维精细过滤技术。

(一) 改性纤维过滤器

纤维球(束)过滤器是以耐磨、耐酸碱、无毒的涤纶纤维或其他纤维材料扎结的纤维球(束)为滤料，其孔隙度大、柔软、可压缩。过滤时，由于水流压力的作用，使滤层孔隙率沿水流方向自上而下由大变小，形成了较理想的反粒分布，既增加了截污能力，也延长了工作周期。

纤维球(束)过滤器的滤料是亲油型的，只要水中有油，油就会被纤维吸附。滤料污染变成油团，很难清洗，因此，这种滤料只能应用在清水过滤中。为适应过滤油田采出水需要，特别对纤维球(束)进行了改性。所谓改性即是将纤维球(束)经过新的化学配方做本质的改性处理后纤维滤料即由亲油型变为亲水型。用于过滤油田采出水时，滤料不易污染且反冲洗再生方便，改性纤维过滤器的诞生是油田采出水精细过滤技术的一次突破。它具有以下特点：

(1)改性纤维丝直径小，比表面积大，叠加后滤层孔隙小，对悬浮固体的拦截性能比其他滤料都优良。因此，用于低渗透油藏的注入水水质处理尤为理想。

(2)改性纤维比普通纤维重且不粘油，过滤时能下沉到罐底，上松下紧滤层孔隙结构好。运行时滤层孔隙沿水流的方向逐渐变小，形成了比较理想的滤层孔隙上大下小的分布状态，因而拦截作用强，过滤效果好。

改性纤维过滤器由罐体、改性纤维滤料、布水和集水系统、液压装置及上下压板、进出水管及排污总管组成，为使滤料反冲洗更彻底，还设有滤料搅拌机构。如图 5－4 所示为改性纤维过滤器。

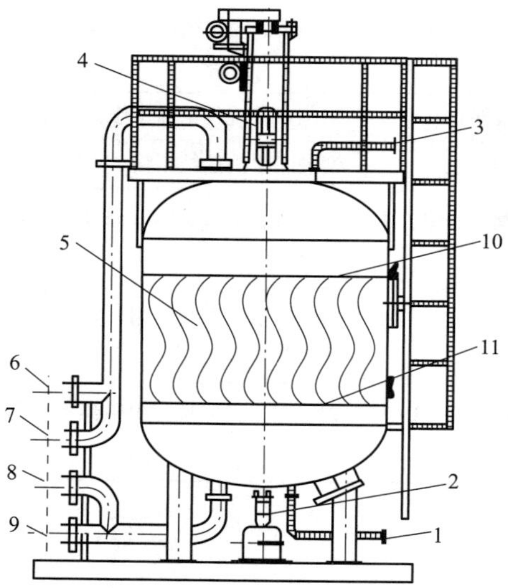

图 5－4　改性纤维过滤器结构示意

1—放空口；2—搅拌器；3—排油排气口；4—压紧机构；5—纤维束；6—反冲洗出水口；7—滤罐进水口；8—反冲洗来水口；9—滤罐出水口；10—上压板；11—下压板

工作时，滤料压紧装置启动，升降机构带动压板下行至一定位置，将滤料压实，污水由上至下经过滤层。将水中悬浮颗粒拦截，干净水从下面出水管流出。纤维束污染严重，滤后水质达不到要求时，需要进行反冲洗。反冲洗时，滤料压紧装置压板上行，启动反冲洗泵，利用反冲洗水的压力将滤层冲开并启动搅拌机，对滤料进行搅拌清洗。清洗下来的污物从反冲洗出口排出至污水回收系统。

（二）改性纤维过滤器的操作

1. 工艺参数（以中原油田为例）

过滤速度一般为20～25m/h，进水悬浮固体含量≤20mg/L，出口≤1mg/L 密度1.39g/cm^3，比表面积为3000m^2/m^3，截污量为6～10kg/m^2，孔隙率96%，粒径大于5μm的悬浮固体去除率达90%～95%，设计压力0.6～1MPa，出口悬浮固体颗粒直径≤1.5μm，反冲洗强度为8～10L/（m^2·s），反冲洗时间为10～20min。

2. 投产操作

技术人员在进行过滤器相关操作时，需严格按照以下优化后的流程执行：

1）操作前检查工作。

①阀门检查：仔细检查过滤器阀门是否灵活好用，确保阀门能够正常开启与关闭，这对于后续整个过滤流程的顺畅进行至关重要，避免因阀门故障影响操作进度。

②仪器仪表检查：认真查看仪器仪表工作是否正常，准确的仪表显示能够提供关键的运行参数，保障操作过程处于可控状态。

③风源压力检查：检查仪表风源压力是否达到规定要求，合适的风源压力是相关气动设备正常运行的基础，防止因压力不足或异常导致设备无法正常工作。

④法兰连接部位检查：对法兰连接部位进行细致检查，确认无渗漏情况，保证整个过滤系统的密封性。

⑤反冲洗清水罐液位检查：检查反冲洗清水罐液位是否在要求高度，充足且合适的液位能为反冲洗等操作提供必要的水源保障，避免因液位不足影响反冲洗效果。

⑥气动阀门状态检查：检查气动阀门是否处于自动控制状态，确保其能按照预设的程序自动进行相应操作，提高整个过滤系统运行的自动化程度和稳定性。

2）冲洗相关操作。

①进出口管线冲洗：严格按照要求冲洗过滤器进出口管线，确保无杂物残留，为后续的过滤及反冲洗操作创造良好条件，避免杂物对设备造成损害或者影响水质。

②启动反冲洗泵冲洗：依据离心泵操作规程，启动反冲洗泵对过滤器及反冲管线进行冲洗，在此过程中要时刻关注冲洗情况，保证冲洗效果达到预期，使设备内部及管线都能得到有效清洁。

3）后续操作流程。

①阀门状态确认：冲洗完毕后，仔细检查所有阀门是否处于关闭状态，为下一步操作做好准备，防止因阀门误开等情况引发不必要的问题。

②初滤操作准备：打开过滤器进口阀门和排污阀门，然后启动加压泵对过滤器进行初滤，初滤过程中持续关注排污阀门排出水的水质情况。

③水质合格操作：待排污阀门排出水水质合格后，按照流程打开过滤器出口阀门，关闭排污阀门，同时观察过滤器进、出口压力，并做好详细记录，为后续的运行监测提供数据支持。

3. 过滤操作

在对过滤器进行新一轮操作时，需严格遵循以下进一步优化后的操作流程。

1）操作前准备工作。

①阀门检查：仔细检查过滤器阀门是否灵活好用，通过多次开关操作确认其正常开启与关闭，确保后续流程顺利进行，避免因阀门故障影响操作进度。

②仪表检查：仔细检查压力表等仪器仪表是否完好，确保表盘显示清晰准确、指针转动正常，以提供精准可靠的运行参数，保障操作过程可控。

③加压泵检查：对加压泵进行全面检查，查看泵体外观有无损坏、各连接部位是否牢固，以及电机等关键部件是否正常运转等，确认加压泵处于完好状态，为后续顺利启动并运行提供保障。

④仪表控制柜启动：按正确步骤启动仪表控制柜，观察指示灯和仪表显示，确保其正常启动并进入工作状态，为过滤系统的参数监测与控制提供支持。

⑤风源阀门开启：平稳缓慢地打开过滤器仪表风源阀门，避免过快操作损坏阀门，同时监控风源压力，确保稳定供气。

⑥运行模式设置：将过滤器的“停运/运行”旋钮置于运行位置，操作时要确保旋钮旋转到位，使过滤器进入正常运行准备状态，避免因旋钮位置不准确引发后续运行故障。

2）加压泵启动及参数调整。

①启泵操作：严格按启泵操作规程启动过滤加压泵，在启动过程中，密切关注泵的启动声音、电机运转等情况，若发现异常应立即停止启动并排查问题，确保加压泵能安全、平稳启动。

②压力和流量调整：依据过滤罐的技术要求，合理调整加压泵的压力和流量，在调整过程中，要时刻留意压力、流量数值变化，使其始终控制在过滤罐设计范围内，保障过滤系统正常、高效运行。

3）运行监测与记录。

①运行观察：在过滤器运行期间，要时刻留意其运行状态，尤其是压力情况，当停运某个过滤器时，要仔细观察其他运行中过滤器的压力变化，避免出现过滤器超负荷运行的情况，确保整个过滤系统的稳定运行。②数据记录：按照要求录取相关数据，如压力值、流量值、运行时间等，做好详细记录，这些记录将为后续的运行分析、故障排查以及维护保养等工作提供重要依据。

4. 反冲洗操作

在执行过滤器反冲洗相关操作时，需严格按照以下流程开展工作，并落实相应技术要求：

1）操作前准备。

操作前技术人员应将过滤器的“停运/运行”旋钮置于运行位置，操作时务必认真仔细，确保旋钮旋转到位，使过滤器进入可操作的运行准备状态，避免因旋钮位置不准确而引发后续操作故障。

2)“反冲洗”启动操作。

确认按键功能正常且无卡顿等异常情况后，按下“反冲洗”按键，按下过程要平稳准确，以此启动反冲洗流程的相关控制程序。

①液压装置运行操作：操作液压装置使其运行，密切关注液压装置的启动情况，查看有无异常声响或抖动等现象，待液压板平稳升起，检查液压板升起的高度及状态是否符合要求，确保整个液压系统能正常为反冲洗操作提供相应动力及支撑。

②反冲洗泵启动：严格按启泵操作规程启动反冲洗泵，密切关注泵的启动声音是否正常、电机运转有无异常情况等，若发现任何异常，应立即停止启动并及时排查问题，保障反冲洗泵能安全、平稳地启动，从而正式开启反冲洗流程。

3)反冲洗过程把控。

①强度与排量控制：在反冲洗过程中，依据过滤器的设计要求，严格控制反冲洗强度，确保其始终保持在过滤器设计范围内。

②时间及水质监测：一般反冲洗时间控制在5～10min，在此期间，定时对进出水水质进行取样对比，凭借专业的检测手段和经验判断水质情况，只有当进出水水质一致时，方能停止反冲洗。

③液位关注：反冲洗过程中要密切注意反冲洗水罐和反冲洗回收水罐的液位情况，定时查看液位变化，通过相应的液位监测设备获取准确数据，防止出现水罐抽空和溢罐的现象。

4)后续状态确认。

过滤状态切换：反冲洗完毕后，过滤器会依据预设的程序自动进入过滤状态，检查过滤器进入过滤状态后的各项参数是否正常，如压力、流量等，确认其能正常开展过滤工作，保障整个生产流程的持续稳定运行。

5. 停运操作

在执行过滤器停运相关操作时，需严格按照以下流程开展工作，并落实相应技术要求：

1)操作前沟通协调。

岗位联系配合：首先与相关岗位联系，通过有效的沟通方式，如电话、对讲机等，告知对方即将进行过滤器停运操作。

2)反冲洗操作。

按规定反冲洗：按照反冲洗操作步骤进行反冲洗，在此过程中，要严格遵循反冲洗操作规程，如同之前进行反冲洗操作时一样，把控好反冲洗强度、排量、时间以及水质监测等关键环节。

3)停运操作。

①旋钮位置调整：在反冲洗完毕后，将过滤器的“停运/运行”旋钮置于停运位置。

②阀门开启操作：打开过滤器顶部放空阀门和底部排污阀门，留意阀门开启后的状态，确保其能正常排水、排气，为后续排污工作做好准备。

③排污及阀门关闭：待排污彻底后，关闭顶部放空阀门和底部排污阀门，关闭时要确认阀门关闭严密，不应出现渗水或漏水的情况，可通过观察、触摸等方式检查阀门周边有无渗漏迹象，保障过滤器内部处于合适的停运状态。

④电源及气源阀门关闭：关闭仪表控制柜上的电源，操作时要按照正确的断电步骤进行，防止因违规断电对控制柜造成损坏。之后关闭仪表风气源阀门，同样要确保阀门关闭严实，避免气源泄漏等问题。

⑤总阀门关闭：过滤器停运后，关闭过滤器的总进口阀门和总出口阀门，再次检查阀门关闭的严密性，防止出现渗水或漏水现象，这对于整个过滤系统的停运维护以及避免水资源浪费等方面都有着重要意义。

4）记录工作。

报表填写：及时填写报表，认真记录停运时间等相关参数，如反冲洗结束时间、旋钮置于停运位置的时间、各阀门关闭时间等详细信息，确保停运操作的各项关键数据都能准确记录留存，为后续的设备管理、维护以及查询等工作提供可靠依据。

（三）改性纤维过滤器的维护与管理

1. 运行管理

在改性纤维过滤器运行过程中，需按照以下流程开展定时巡回检查工作，并落实相应的各项要求。

1）常规运行巡回检查。

过滤器本体及法兰连接处检查：仔细检查过滤器本体是否渗漏，通过查看过滤器外壳表面有无水渍、滴水等现象来判断。同时，认真检查各法兰连接处是否渗漏，查看连接部位的密封情况，确保不存在因渗漏而影响过滤器正常运行以及造成水资源浪费等问题，保障整个过滤器的密封性良好。

管网运行检查：对各管网运行情况进行检查，确认管网内水流顺畅，无堵塞、破损等异常情况，保证整个过滤系统的水流输送环节正常，使过滤工作能够稳定开展。

压力检查：密切留意过滤压力是否正常，通过查看相应的压力表数值，判断其是否处于合理的工作区间，确保过滤工作能按标准要求顺利进行。另外，也要检查气源压力是否正常，这关系到气源驱动相关部件能否正常工作，为整个过滤系统的稳定运行提供动力支持。

2）液压泵相关检查。

油质与油位检查：定期检查液压泵的油质、油位，查看油质是否清澈、有无杂质等情况，确认油质合格，并且油位需保持在 1/2 ~ 2/3 之间，若发现油质不合格或者油位不在规定范围内，应及时按照规范要求进行更换或补充，以此保障液压泵能够正常运转，为过滤器的相关操作提供稳定的液压动力。

液压泵压力及管线检查：定期检查液压泵的压力是否正常，通过专业的压力检测设备进行测量，对比标准压力数值来判断。同时，查看液压管线是否渗漏，若发现压力异常或者管线渗漏问题，要及时排查原因并进行修复处理，确保液压系统的稳定可靠。

3）过滤器内部部件检查。

纤维部件检查：定期检查过滤器内纤维条（纤维球、纤维布）有无流失或损坏，查看纤维的数量是否足够、外观有无破损等情况，若发现存在流失或损坏问题，应及时进行更换或补充，维持过滤器的过滤效果，保证其能够正常过滤杂质。

纤维清洁情况检查：在使用过程中，如发现纤维上有大量微生物繁殖或吸附大量的油污，为避免影响过滤质量，应停产采取清洗油污等相应措施，确保纤维能正常发挥过滤功能，保障过滤器的整体运行效果。

2. 故障处理

改性纤维过滤器的常见故障、可能原因及处理方法见表5－3。

表5－3　改性纤维过滤器的常见故障、可能原因及处理方法

常见故障	可能原因	处理方法
过滤效果差	上下压板未压紧，滤料间隙过大	检查并压紧过滤压板，调节压紧装置，确保滤料间隙符合过滤要求
	来水含油量或悬浮固体含量过多，超出滤罐处理能力	加强前一工序处理，增加沉淀、过滤等预处理手段，降低来水含油和悬浮固体含量
	改性纤维污染严重，表面附着大量污垢	对改性纤维进行酸洗，去除污染物；若酸洗无效，则更换改性纤维
	改性纤维滤料流失，滤层完整性遭破坏	补充滤料并采取固定措施，防止滤料被水流冲走，维持滤层稳定结构
	反冲洗强度不够或搅拌装置未运行	按设计反冲洗强度进行反冲洗，并启动搅拌装置，确保滤料被彻底清洗
	反冲洗周期过长，截留物积累并穿透滤层	根据水质变化规律合理确定反冲洗周期，及时进行反冲洗，防止截留物过度积累

三、超精细过滤

超精细过滤中应用较广的是膜过滤，膜过滤是一种与膜孔径大小相关的筛分过程，以膜两侧的压力差为驱动力，以膜为过滤介质，在一定的压力下，当原液流过膜表面时，膜表面密布的许多细小的微孔只允许水及小分子物质通过而成为透过液，而原液中体积大于膜表面微孔径的物质则被截留在膜的进液侧，成为浓缩液，因而达到对原液的分离和浓缩的目的。随着新技术的发展，膜过滤应用越来越广泛，本节主要描述金属膜过滤。

（一）金属膜过滤器

金属膜过滤器是一种新型过滤器，可根据用户要求制成孔隙为1～100μm过滤精度的过滤设备，主要应用于油田采出水终端的回注精细处理。金属膜过滤器一般由两级精细过滤器组成，其中一级过滤器采用10μm的金属滤芯，二级过滤器采用0.5μm的金属滤芯。滤后水质指标达到SY/T 5329—2022《碎屑岩油藏注水水质指标技术要求及分析方法》A2

级标准。

金属膜过滤是一种精密过滤技术，以压力差为推动力，利用膜的"筛分"作用进行分离。它具有渗透性强、耐腐蚀性好、耐高温、使用寿命长、操作简便、质量轻、体积小、无毒性和无二次污染，反冲洗效果好，不需要化学再生等优点。金属膜过滤器由于滤芯强度大，耐压性好，且不易破碎，很容易通过反冲洗来恢复设备的过滤能力，是比较理想的膜过滤设备。金属膜过滤器安装及结构简图如图 5－5 所示。

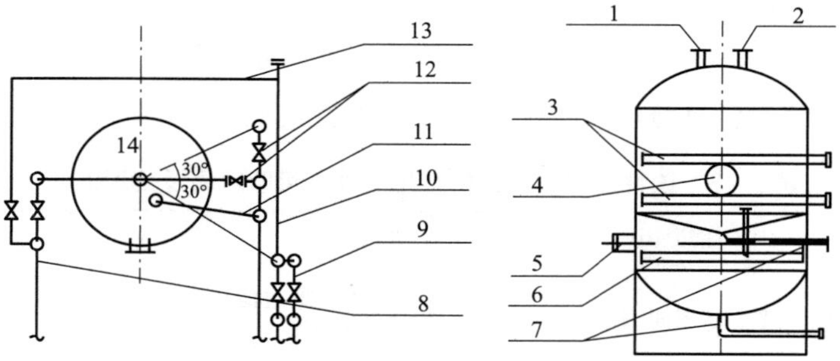

图 5－5　金属膜过滤器安装及结构示意

1—安全阀接口；2—排气管；3—出水管；4—人孔；5—进口；6—集液管；7—排污管；8—进水总管；9—反冲洗管；10—滤出水管；11—罐顶排气管；12—反冲排污管；13—跨越流程；14—金属膜过滤器

金属膜过滤器主要由壳体、隔栅式集水管、圆柱形金属纤维滤膜膜管（如，膜高 500mm，直径 60mm，分上下两层共计 220 根）、人孔、进水管、出水管、排气管、气洗管、防冲板及地漏排泥管构成。

金属膜过滤器工作过程：来水通过提升泵进入过滤器，污水经过若干圆柱形金属纤维滤膜膜管周围过滤后进入膜管内，油滴、悬浮颗粒等被阻挡在膜外去除，滤后水用于回注等。反冲洗时，自动上水至反冲洗水罐，利用反冲洗泵，通过膜管内部向外冲洗，造成振荡效应，增强反冲洗强度，反冲洗后的污水通过专用反冲洗外排污水管道流入污水池。

（二）金属膜过滤器的操作

1. 工艺参数（以胜利油田为例）

胜利油田临盘采油厂（LJ）定向反冲洗（DFX）不锈钢金属膜过滤器技术参数：设计压力 <1.0MPa，操作压力 <0.45MPa，处理量 300～5000m^3/d（单台能力），设计温度 <120℃，操作温度 <90℃，进水含油量 <10mg/L，进水悬浮固体含量 <150mg/L，出水含油量 <3mg/L，出水悬浮固体含量 <2mg/L，出水粒径中值 $<1\mu$m，反洗压力 0.45～0.6MPa，反洗压差 <0.2MPa，反冲洗强度 6～9L/（m^2·s），反冲洗时间 12～15min，采用自动化系统控制。

2. 投产操作

在进行金属膜过滤器投运及后续运行相关操作时，需严格按照以下流程执行，并落实相应要求。

1）投运前检查工作。

①附件及仪表检查：仔细检查过滤器附件及仪表等是否齐全完好，为后续准确获取运

行参数、判断设备状态提供可靠保障。

②辅助设备试运：对过滤器辅助设备(包括泵、储水罐、压缩机等)进行单体试运，确认各辅助设备试运合格，能够为过滤器的正常投运及运行提供有力支持。

③配电系统及部件检查：认真检查配电系统，保证整个配电环节稳定可靠。此外，还要全面检查气动阀、电磁阀、储气罐、气路等各部件，手动操作阀门等部件，确认其达到灵活好用的状态，最后开启压缩机，为气路系统提供稳定的气源。

④浸泡及试漏检查：在投用前，要向过滤器内注入清水浸泡1～2d，浸泡过程中，需对人孔等各密封处进行试漏检查，通过观察密封处周边有无渗水迹象等方式，确保设备整体密封性良好，防止在后续运行中出现漏水等问题影响过滤效果和设备正常运行。

⑤储水罐液位确认：检查储水罐液位是否符合要求，根据实际运行需求，查看液位是否处于合适的高度区间，保障有足够的水量用于过滤器的投运及后续的正常运行。

2)投运操作流程。

①流程导通与开启：导通进水流程和外输流程，并开启超越流程，操作时要按照正确的流程顺序进行，确保各流程管道连接正确、阀门开启到位，为后续的进水、过滤及外输工作做好准备。

②加压泵开启：开启加压泵，为过滤器提供稳定的进水压力。

③进水及放空操作：打开过滤器进水阀进水，并同时进行顶部放空，让罐内气体能够顺利排出，在进水过程中，留意进水的流量以及罐内气体排出情况，直至排净罐内气体，保证过滤器内部处于正常的运行准备状态。

④出口阀开启与投运：打开过滤器出口阀，正式投运金属膜过滤器。

⑤超越阀关闭：关闭金属膜过滤器超越阀，使水流按照正常的过滤及外输流程进行，避免出现水流异常旁路等情况，保障过滤工作的正常开展。

3)运行巡检与外输操作。

①运行巡检：金属膜过滤器投入正常运行后，一般每2h巡检一次，巡检内容涵盖过滤器本体、各连接部位、仪表显示、阀门状态等多个方面，查看是否存在渗漏、仪表数值是否正常、阀门有无异常等情况，并做好详细记录，及时发现并处理可能出现的问题，保障过滤器稳定运行。

②外输泵开启：待外输储水罐液位达到足够高度时，开启外输泵，启动外输流程，将过滤后的水输送至相应的目的地，在开启外输泵时同样要留意泵的启动情况，确保外输工作顺利进行。

3. 反冲洗操作

在进行反冲洗操作时，需严格按照以下流程开展工作，并确保各环节操作准确无误。

1)反冲洗前准备工作。

①外输罐液位检查：反冲洗前应仔细检查外输罐液位，确保其满足要求。

②反冲洗水回收罐水位检查：认真检查反冲洗水回收罐，确认水位处于低液位。

③进水量及加压泵排量调节：增大进水量，通过相应的控制装置调大加压泵排量，操

作过程中要密切留意加压泵的运行状态以及进水量的变化情况，确保进水量和排量的调整符合反冲洗要求，为后续反冲洗提供足够的水流动力和水量支持。

2）阀门操作及反冲洗启动。

①过滤罐进、出口阀关闭：关闭过滤罐进、出口阀，保障反冲洗流程按计划进行。

②反冲洗进、出水阀打开：打开反冲洗进、出水阀，使反冲洗水流能够顺利进入和流出过滤器，构建起正常的反冲洗水流通道。

③反冲洗泵开启：开启反冲洗泵进行反冲洗，保证反冲洗泵能安全、平稳地运行，为反冲洗提供稳定的水流压力。

3）反冲洗后续操作。

①反冲洗进水阀关闭及泵停运：在反冲洗进行一段时间后，按照要求关闭反冲洗进水阀，随后停运反冲洗泵，关闭过程中留意各部件状态变化，确保反冲洗水流停止，为下一步操作做好准备。

②放空操作：打开放空阀，让罐内的气体能够排出，通过观察放空口的排气情况以及听声音等方式判断气体排放进度，持续放空直至放净罐内气体，为后续的气吹等操作营造良好的内部环境，避免罐内残留气体影响操作效果。

4）气吹及恢复正常过滤操作。

①气洗阀操作：开启气洗阀进行气吹约10s后关闭气洗阀，在气吹过程中，注意观察气吹的力度以及罐内情况，确保气吹能够起到辅助清洁的作用，达到预期的气吹效果后及时关闭气洗阀，避免不必要的气体浪费或其他异常情况。

②恢复正常过滤：继续放空直至确认罐内气体放净后，打开过滤进水阀及过滤出口阀，恢复正常过滤，操作阀门时要确保其开启顺畅且密封良好，使过滤器能够重新进入正常的过滤工作状态，保障后续的过滤工作稳定、高效开展。

（三）金属膜过滤器的维护与管理

1. 运行管理

在金属膜过滤器的运行及维护过程中，需按照以下流程及要求开展相关工作。

1）运行中的巡回检查。

①加压泵及设备检查：在金属膜过滤器运行过程中，应定时巡回检查加压泵泵压及设备运转情况。

②储水罐、阀门检查：密切关注储水罐液位，查看液位计显示数值，保证液位处于合适范围，满足过滤器的正常运行需求。还要检查过滤器各气动阀及电磁阀运行状况，手动操作阀门检查其开启和关闭的灵活性、响应速度等，确保阀门能准确执行相应操作，保障过滤流程的顺畅进行。

③压缩机检查：认真查看压缩机运行状况，检查压缩机的压力输出是否正常、运转声音是否平稳、有无漏气等异常现象，保证压缩机能为整个系统提供稳定可靠的气源支持。

④储气罐排水操作：定时对储气罐放底水，按照规定的时间间隔和操作方法打开储气罐底部的排水阀门，将底部积聚的水分排出。2）反冲洗操作。

①定时进行反冲洗，一般12h反冲洗一次。按照既定的反冲洗操作流程进行，在反冲洗前做好相应的准备工作，如检查各阀门状态、水位情况等，启动反冲洗泵后，密切关注反冲洗过程中的压力、水流等情况，确保反冲洗达到良好的清洁效果，去除过滤器内的杂质等，恢复其良好的过滤性能。

②杀菌剂投加操作。

定时、定量投加杀菌剂，依据金属膜过滤器的处理水量、水质情况以及杀菌剂的使用说明等，确定准确的投加时间间隔和投加量，采用合适的投加设备和方式，将杀菌剂均匀地投加到过滤罐的进水中，通过杀菌剂的作用抑制水中微生物的生长繁殖，防止微生物在金属膜表面滋生、附着，影响过滤效果和金属膜的使用寿命。

3）定期检修及酸洗操作。

一般每年对金属膜进行一次酸洗，并对过滤器内部进行检修。酸洗时，要选用合适的酸洗药剂，按照正确的配比和操作流程进行酸洗作业，在酸洗过程中注意观察金属膜表面污垢的去除情况以及金属膜有无被腐蚀等异常现象，酸洗完成后用清水冲洗干净。同时，对过滤器内部的各个部件，如管道、阀门、支撑结构等进行全面的检修，查看是否存在磨损、堵塞等问题，及时修复或更换有问题的部件，确保金属膜过滤器能够持续、高效地运行。

2. 金属膜过滤器的故障处理

金属膜过滤器的常见故障、可能原因及处理方法见表5－4。

表5－4 金属膜过滤器的常见故障、可能原因及处理方法

常见故障	可能原因	处理方法
放空管气体放不净	放空管气体残留，影响反冲洗气吹效果	延长放空时间，确保气体充分排出；若放空管较细，可更换较粗的放空管，增大气体排放通道
底部地漏堵塞	地漏被沉积的油泥等杂质堵塞，影响排水和水质	每周定期进行地漏放空排泥操作，保持地漏畅通，维持水质稳定
电磁阀损坏	电磁阀损坏，无法正常控制水流、气流通断	更换同型号电磁阀，确保其参数、规格及功能与原电磁阀一致，恢复系统正常运行
气动阀开关不严	阀门橡胶老化或损坏，阀板顶丝松动，导致渗漏或开度不足	检查并更换老化的阀门橡胶，紧固阀板顶丝，确保阀门密封性和开关正常
滤后水质变差	金属膜表面截留杂质过多，或反冲洗不彻底	加强反冲洗次数和强度，增加反冲洗频次和压力；若金属膜污染严重，进行酸洗，恢复其过滤性能

第六章　药剂投加技术

在油田采出水处理过程中，为了防止设备及管线遭受腐蚀、结垢，降低胶体和悬浮颗粒的含量，并抑制有害细菌的滋生等，所加入的化学药剂被统称为污水处理剂。其主要包括缓蚀剂、阻垢剂、杀菌剂、絮凝剂和除氧剂等。

随着油田开发水平的不断提升和科技的持续进步，对污水处理剂的要求也日益提高，这推动了油田采出水处理剂的更新与发展。为了更有效地实现缓蚀、阻垢、杀菌和净化的目标，人们逐步研发出新型、高效的有机污水处理剂，以及同时具备缓蚀阻垢或杀菌阻垢、杀菌除氧等综合功能的污水处理剂。目前，所使用的油田采出水处理剂以有机化合物为主，大多是几种有机物化合而成的复合配方，从而弥补单一药剂的不足，提高油田采出水处理的效果。

第一节　pH 值调节剂

pH 值调节剂是将污水的酸碱度进行不同程度调整的药剂。

一、pH 值调节剂的作用机理

pH 值调节剂的作用机理有以下三种。

(一) 去除成垢离子

油田采出水来自不同地层，矿化度较高，HCO_3^-和游离的 CO_2高，pH 值低，水质不稳定。通过在污水中加入碱性物质，调整污水的酸碱度，使污水中的化学平衡得以破坏，HCO_3^-不断离解为 CO_3^{2-} 和 H^+，大量的 CO_3^{2-} 和 Ca^{2+} 反应生成 $CaCO_3$，Fe^{3+} 生成 $Fe(OH)_3$ 沉淀，再利用絮凝剂的吸附和架桥作用，与系统中的悬浮固体等一同快速沉降，从系统中排出，使结垢受到抑制。

(二) 金属表面钝化

酸碱度对金属的腐蚀速度影响较大。当 pH 值大于 6.0 时，由于离子浓度降低，H^+的去极化过程减弱，腐蚀速度降低；当 pH 值大于 7.0 时，腐蚀主要由 H^+的去极化作用控制，金属铁的标准电极电位为 -0.44V；当 pH 值大于 8.0 时，铁处于热力学稳定状态，即进入钝化区，腐蚀产物 $Fe(OH)_3$或 Fe_2O_3将形成薄膜，覆盖于金属表面，使腐蚀速度变慢。从控制腐蚀的目的看，就是要使 pH 值调节剂进入或接近钝化区域，才能够做到抑制腐蚀。

(三)提供碱性环境

pH 值调节剂可为后续处理剂发挥作用提供碱性环境。当 pH 值大于 7.5 时，大量的 OH^- 可以有效抑制硫酸盐还原菌繁殖，使细菌腐蚀受到抑制。

二、pH 值调节剂的种类与选用

(一)pH 值调节剂的种类

常用的 pH 值调节剂有熟石灰、氢氧化钠和苏打等。

1. 熟石灰

熟石灰[$Ca(OH)_2$]，为白色粉末，相对密度 2.249(水 =1)，加热至 580℃ 脱水成氧化钙，在空气中吸收二氧化碳而成碳酸钙，溶于酸、盐、甘油，微溶于水，不溶于醇，具有强碱性。在水中，可以直接提供 OH^-，使水呈碱性环境。

①与 HCl 反应：

$$Ca(OH)_2 + 2HCl = CaCl_2 + 2H_2O$$

②与空气中 CO_2 反应：

$$Ca(OH)_2 + CO_2 = CaCO_3 \downarrow + H_2O$$

③与饱和碳酸钠溶液反应：

$$Ca(OH)_2 + Na_2CO_3 = 2NaOH + CaCO_3 \downarrow$$

2. 氢氧化钠

氢氧化钠(NaOH)俗称烧碱、火碱、苛性钠，碱性强，腐蚀性强，具有碱的通性。NaOH 为白色固体，极易溶于水，溶解时释放出大量的热，其水溶液是无色透明的液体。固体在空气中容易吸收水分而潮解。极易与多数非金属氧化物及多种酸发生反应，生成盐和水；与多数盐溶液易发生反应，生成难溶性的碱。

①与盐酸反应：

$$NaOH + HCl = NaCl + H_2O$$

②与硫酸镁反应：

$$2NaOH + MgSO_4 = Na_2SO_4 + Mg(OH)_2 \downarrow$$

3. 苏打

苏打(Na_2CO_3)为白色粉末，相对密度 2.532，熔点 851℃，易溶于水，水溶液呈碱性，且具有盐的通性。高温易于分解，在空气中易潮解，慢慢吸收二氧化碳后，小部分变为碳酸氢钠(小苏打)。

在水中的水解反应式为：

$$CO_3^{2-} + H_2O \longrightarrow HCO_3^- + OH^-$$

因而，溶于水呈碱性，为污水提供碱性 pH 值环境。其化学性质为：

①与强酸反应：

$$Na_2CO_3 + H_2SO_4 = Na_2SO_4 + CO_2\uparrow + H_2O$$

②复分解反应：

$$Na_2CO_3 + MgSO_4 = Na_2SO_4 + MgCO_3\downarrow$$

③潮湿空气中与 CO_2 反应：

$$Na_2CO_3 + CO_2 + H_2O = 2NaHCO_3$$

(二) pH 值调节剂的选择

pH 值调节剂应根据以下条件进行选择：

①安全系数大，对人体的危害小。

②对来水适应性强，使用效果好。

③与投加的其他药剂有良好的配伍性。

④价格低、来源广、用量少、效率高。

⑤易于管理，产生的残渣量少，利于清洁生产。

三、投加点的选择

(一) 原水进水口

(1) 原理：如果原水的 pH 值不符合后续处理工艺的要求，在原水进水口投加 pH 值调节剂可以从一开始就对水质进行调节。例如，在一些使用混凝沉淀工艺的水处理厂中，合适的 pH 值范围(通常在 6.5 ~ 7.5) 能使混凝剂发挥最佳的混凝效果。如果原水 pH 值过低，会影响混凝剂水解，投加碱性 pH 值调节剂(如氢氧化钠)可以提升 pH 值，促进胶体脱稳凝聚。

(2) 适用场景：适用于原水 pH 值与后续处理要求相差较大，且水中成分相对简单，不会因 pH 值调整而产生大量沉淀或其他复杂反应影响进水设施的情况。

(二) 混凝沉淀之前或过程中

(1) 原理：混凝过程对 pH 值较为敏感。不同的混凝剂都有其适宜的 pH 值范围，如聚合氯化铝在 pH 值为 6.0 ~ 8.5 时混凝效果较好。在这个阶段投加 pH 值调节剂，可以与混凝剂协同作用，更好地去除水中的悬浮物、胶体等杂质。同时，在沉淀过程中，合适的 pH 值也有助于沉淀的形成和分离。

(2) 适用场景：用于需要通过混凝沉淀去除水中杂质，且对混凝效果要求较高的情况。但要注意避免 pH 值调节剂与混凝剂发生化学反应，影响各自的性能。

(三) 过滤之前

(1) 原理：在过滤前调整 pH 值可以防止水中的酸性或碱性物质对滤料产生腐蚀或结垢等不良影响。例如，在使用石英砂滤料时，如果水的 pH 值过低，可能会使石英砂部分溶解，影响过滤效果。通过投加 pH 值调节剂将 pH 值控制在合适范围(如中性左右)，可以延长滤料的使用寿命。

（2）适用场景：适用于对过滤设备和滤料保护较为重要的水处理系统，尤其是当水中 pH 值可能对滤料产生损害的场景。

（四）消毒之前

（1）原理：许多消毒剂的消毒效果与 pH 值有关。例如，次氯酸钠在不同 pH 值下的消毒能力不同，在 pH 值较低时消毒效果更好。在消毒前调节 pH 值可以提高消毒剂的杀菌效率，减少消毒剂的用量。

（2）适用场景：适用于对消毒效果要求较高的场合，如饮用水处理、泳池水处理等。

四、安全注意事项

（1）$Ca(OH)_2$粉尘或悬浮液滴对人体黏膜有刺激作用，能引起打喷嚏和咳嗽，粉尘进入呼吸系统可能引起肺病，能使脂肪皂化，从皮肤吸收水分、溶解蛋白质、刺激及腐蚀组织。

（2）氢氧化钠接触皮肤，会引起腐蚀和烧伤，严重时会使皮肤和肌体组织的正常循环受到破坏，甚至危及生命。

（3）苏打水为弱碱性，人体内环境为弱酸性，苏打水利于养胃。但长期饮用苏打水会引起碱中毒，轻则厌食、恶心、头疼，重则昏迷。有调查资料显示，环境中碱浓度在 8.71～37.15mg/L 时，人会出现不同程度的上呼吸道刺激症状及黏膜、皮肤损害。

（4）浓硫酸具有强腐蚀性和氧化性。在稀释浓硫酸时，必须将浓硫酸缓慢加入水中，不能颠倒顺序。如果接触到皮肤或眼睛，应立即用大量清水冲洗，并及时就医。同时，pH 值调节剂要妥善储存，避免泄漏和与其他不相容的物质混合。

应急处置措施：皮肤接触：立即脱去污染的衣物，用大量清水冲洗至少 15min，再用弱酸（如 5% 醋酸）或弱碱（如 5% 苏打水）中和，并就医。眼睛接触：撑开眼睑，用生理盐水或清水持续冲洗 20min，紧急送医。吸入粉尘：迅速转移至空气新鲜处，如出现呼吸困难，给予吸氧并就医。误食：用水漱口，给饮牛奶或蛋清等高蛋白饮品保护胃黏膜，并尽快就医。

第二节　杀菌剂

一、杀菌剂的种类与选用

（一）杀菌剂的工作机理

杀菌剂的杀菌机理有很多，主要可分为以下几种：

（1）渗透杀伤或分解菌体内电解质。

（2）抑制细菌的新陈代谢过程，如抑制蛋白质合成。

(3)氧化络合细菌细胞内的生化过程。

(二)杀菌剂的分类

杀菌剂按化学成分可分为无机杀菌剂和有机杀菌剂两大类。无机杀菌剂有：双氧水、臭氧、次氯酸钠等。有机杀菌剂有：季铵盐类、氯酚类、杂环类化合物、有机醛类。

按杀菌机理可分为氧化性杀菌剂和非氧化性杀菌剂。氧化性杀菌剂，如氯、臭氧等均为强氧化剂，通过强氧化作用破坏细菌细胞结构，或氧化细胞结构中的一些活性基团而发挥杀菌作用。非氧化性杀菌剂，如季铵盐除能降低表面张力外，还能选择性地吸附到菌体上，在细胞表面形成一层高浓度的离子团，直接影响细胞膜的正常功能。细胞膜是选择透过性膜，调节着细胞内外的离子平衡，发挥着离子出入、能量转换及输送功能，细胞膜被杀菌剂破坏后，细胞的生物活性也被破坏，从而抑制细菌的生长繁殖。

(三)杀菌剂的选择

杀菌剂的选择一般应考虑以下几点：

(1)应根据不同的水质及细菌的种类选择杀菌剂，其中pH值是关键因素，当pH值较高时不宜用氯气等氧化性杀菌剂，而季胺盐类杀菌剂在碱性环境中的杀菌效能会随pH值升高而增强。当水中含Fe^{2+}或H_2S时，不宜使用氧化性杀菌剂；当水中不含有Fe^{2+}或H_2S时，可以加大氧化性杀菌剂用量。

(2)杀菌剂应与其他水处理剂配伍，不能与其他水处理剂反应而相互抵消其效果。

(3)杀菌剂应具备良好的溶解性，能完全溶解于水中形成均匀透明的液体。加入杀菌剂后不影响水质，且不会增加水中的胶体颗粒数。

(4)同一污水处理系统应间隔选用不同种类的杀菌剂，以免细菌产生抗药性，从而确保杀菌剂的效果。

(5)理想的杀菌剂应具备高效、低毒、易降解和清洁生产等特性。

二、杀菌剂的投加

(一)投加方式

(1)连续投加：控制细菌数量的增加。

(2)间歇冲击投加：大剂量投加杀灭大量细菌。

(3)上述两种方式结合。

(二)加药点

加药点一般设在污水处理系统的首端，如进站来水处(除油罐前)。为确保注水水质，也可在污水处理工艺的滤后或注水泵进口处设加药点。

(三)加药量

(1)连续式投加：开始浓度较高，细菌数量控制下来后，采用相对较低的加药浓度。有效浓度根据室内评价和现场细菌数量分析确定。

(2)间歇冲击投加：定期使用较高浓度的杀菌剂灭菌。加药周期、加药量、加药时间要根据室内评价和现场细菌数量分析而定，通过现场实践进行调整。

(四)细菌数量监控

污水处理系统加入杀菌剂后，要定期取样，按常规方法进行细菌计数，随时调整加药方式和加药浓度，确保杀菌剂杀菌效果。

三、杀菌剂效果的影响因素

(一)pH值对杀菌效果的影响

溶液的pH值不仅对杀菌剂的存在形态有影响，而且对微生物的状态也有影响。一些细胞的表面电荷随pH值变化而变化，而电荷可能阻碍杀菌剂透过细胞壁，溶液的pH值较低或较高时许多微生物容易被杀死，在中等pH值时常有抵抗力。

(二)温度对杀菌效果的影响

一般来说，处在休眠期的菌体不易被杀死，而在菌体生长高峰时杀菌效果要好一些。硫酸盐还原菌生长的最适宜温度为20～40℃；腐生菌生长的最适宜温度为30℃，铁细菌生长的最适宜温度为22～25℃。温度较高会使杀菌剂易于透过细胞壁发生反应，对杀菌是有利的，但是温度升高可能会加速杀菌剂的分解而影响杀菌效果。

(三)杀菌剂浓度对杀菌效果的影响

一般来说，当杀菌剂达到一定浓度后，杀菌率才能达到要求；杀菌剂浓度越大，作用时间越长，杀菌剂的杀菌活性越强。

(四)接触时间对杀菌效果的影响

杀菌剂达到杀菌效果需要一定的接触时间，如果接触时间不足，则杀菌剂的有效成分不能彻底发挥作用。

四、安全注意事项

(一)次氯酸钠杀菌剂

次氯酸钠杀菌剂侵入人体的途径是吸入、食入、皮肤接触。次氯酸钠粉尘对眼角膜及呼吸道有刺激性，可引起牙齿损害。皮肤接触可引起皮肤损害，湿皮肤接触可引起中至重度皮肤损害。

(二)季胺盐杀菌剂

季胺盐杀菌剂毒性极低，无累计毒性，对皮肤和黏膜的刺激性很小。有轻微脱脂作用。在水处理浓度范围内对人体无害，禁止直接消毒食品。

(三)醛类杀菌剂

醛类杀菌剂的危害表现在它的毒性及腐蚀性两方面。戊二醛具有中等毒性，对支肤黏膜有刺激性和致敏作用，空气中最高允许质量浓度为 $1mg/m^3$。有研究指出，戊二醛有致畸、致突变作用以及致癌作用。投加醛类杀菌剂时操作人员应戴防护眼镜及橡胶手套。

（四）氧化性杀菌剂

氯气具有毒性和腐蚀性，在使用氯气时，操作人员必须经过专业培训，要穿好防护服，并佩戴防毒面具等防护设备。同时，要制订氯气泄漏的应急处理措施，如配备氯气吸收装置等。对于二氧化氯，其在高浓度下可能发生爆炸，储存和使用时要严格按照操作规程进行。

应急措施：皮肤接触：如果杀菌剂不慎接触到皮肤，应立即用大量清水冲洗，并寻求医疗帮助。眼睛接触：如果不慎接触到眼睛，也应立即用大量清水冲洗，并寻求医疗帮助。误食：采取洗胃、催吐、活性炭处理等措施进行先期应急处置，并紧急就医。

第三节　阻垢剂

一、阻垢剂的作用

结垢是油田生产系统中常见的严重问题之一，可发生在生产系统的多个部位或环节，如采油、集输、油气处理、污水处理及注水系统。水垢的形成主要取决于其中盐类是否过饱和以及盐类结晶的生长过程。影响结垢的主要因素是水的成分和类型，如污水含有较高浓度的碳酸盐、硫酸盐、氯化物，具有形成碳酸钙、硫酸钙等的基本化学条件，只要环境条件发生改变（如温度、压力、溶解气体），打破原来水中的离子平衡，就会形成水垢。生产中所形成的堵塞物实质上是水垢、有机质（污油、细菌及其代谢产物、有机残渣等）和腐蚀产物[$FeCO_3$、FeS、Fe_2O_3、$Fe(OH)_3$等]组成的混合物。油田生产系统结垢的危害很大，特别是污水输送管线、污水处理设备和注水设备，管线结垢使有效容积减小，表面状况恶化，摩阻增大、能耗增加，影响正常生产，因此需要阻垢。目前，较为实用的阻垢方法有机械处理法和化学处理法两种。机械处理法包括增强系统流速、提前沉降或过滤和定期机械清洗等。化学处理法包括加酸溶解或阻止沉积物的形成、加杀菌剂控制菌类的生长繁殖，防止产生腐蚀产物的沉积和采用阻垢剂控制水垢的产生等。

阻垢剂是指具有能分散水中的难溶性无机盐、阻止或干扰难溶性无机盐在金属表面的沉积结垢功能的一类药剂。在膜工艺中，阻垢剂起着至关重要的作用。它能与水中的成垢离子（如钙、镁离子等）发生螯合作用，一些有机膦酸类阻垢剂可通过分子中的配位原子与钙、镁离子形成稳定螯合物，阻止其与碳酸根、硫酸根等阴离子结合成难溶垢类物质，如碳酸钙、硫酸钙等，有效防止这些垢在膜表面沉积。同时，阻垢剂还能起到晶格畸变的作用，当水中成垢盐类结晶时，其会吸附在晶体表面，改变晶体生长方向与速度，使碳酸钙等晶体难以按规则形状生长，进而避免在膜表面形成致密垢层。此外，膜污染除结垢外，还有有机物、胶体等污染，部分阻垢剂还具有分散作用，可使胶体、泥沙等微粒保持悬浮，降低其在膜表面沉积概率，间接减轻膜污染；对于有机污染物，一些阻垢剂能与有机物相互作用，降低有机物与膜表面吸附亲和力，阻止腐殖酸等在膜表面牢固吸附，保护膜性能。

阻垢剂的作用是延缓、减少或抑制结垢。绝大多数阻垢剂的作用是防止垢晶体的增长，即阻垢剂必须在水中垢的细小结晶刚从水中形成时就起作用。根据阻垢机理，阻垢剂可分为阻碍晶体生长的抑制剂和阻碍晶体正常聚集的分散剂。根据化学组成，阻垢剂可分为无机磷酸盐、有机膦酸及其盐类、聚合物及复配型复合物等。

二、阻垢剂的机理

阻垢剂的作用机理分为络合增溶作用、晶格畸变作用、分散作用和絮凝作用四种类型。

（一）络合增溶作用

络合增溶作用是阻垢剂共聚物溶于水后发生电离，生成带负电性的分子链，与水中金属阳离子（Ca^{2+}、Mg^{2+}、Ba^{2+}）形成螯合物，而这种螯合物往往是可溶性的，因而可防止金属阳离子和阴离子（CO_3^{2-}、SO_4^{2-}）反应生成可沉淀的化合物，起到阻垢作用，如氨基三亚甲基膦酸（Amino Trimethylene Phosphonic Acid，ATMP）和乙二胺四乙酸二钠（EDTA－2Na）均属于这类阻垢剂。

（二）晶格畸变作用

晶格畸变作用是有机高分子聚合物进入晶体结构，由于有机高分子中的部分官能团在无机盐晶核或微晶上占据了一定位置，阻碍和破坏了无机盐晶体的正常生长，而使晶格发生畸变，改变了原来的规则结构，使晶体不再继续增大，从而减缓结垢。

（三）分散作用

阻垢剂都具有分散作用，其分子可以吸附在晶核体粒子周围，其极性部分面向水相，非极性部分吸附在颗粒外侧，这样粒子都带有微弱的负电荷。由于电荷排斥粒子，使粒子不易因碰撞而凝聚，也不易长大。

（四）絮凝作用

阻垢剂把水中含有的 $CaCO_3$ 及 $CaSO_4$ 晶核的颗粒吸附在高分子聚合物的长链上，结合成矾花悬浮在水中，发挥阻垢作用。如聚丙烯酰胺（Polyacrylamide，PAM）和聚丙烯酸钠（Polyacrylate Sodium，PAAS）等。

三、阻垢剂的种类与选用

（一）阻垢剂的种类

阻垢剂的种类很多，一般分为聚酸盐类、磷酸盐类（无机磷酸盐、有机膦酸盐）、有机酸酯类和天然高分子类四种。

1. 无机磷酸盐

主要有磷酸三钠、焦磷酸四钠、六偏磷酸钠、三聚磷酸钠，其特点是：

(1)药剂价格低，防 $CaCO_3$垢较有效；

(2)易于水解产生正磷酸盐，与钙离子反应生成不溶解的磷酸钙；

(3)随水温的升高，水解速度加快；

(4)最高使用温度为 80℃。

2. 有机膦酸及其盐类

主要有 ATMP、乙二胺四甲叉膦酸(Ethylenediamine Tetramethylenephosphonic，EDTMPA)、羟基乙叉二膦酸钠(Sodium Hydroxyethylidene Diphosphonate，HEDP · Na)，其特点是：

(1)不易水解；

(2)投加量较低，有较好的防垢效果；

(3)与其他污水处理药剂配伍性较好；

(4)使用温度在 100℃以上。

3. 聚合物

主要有聚丙烯酸(Polyacrylic Acid，PAA)、PAM、聚马来酸酐(Polymaleic Anhydride，PMA)等。PMA 防止 $CaSO_4$和 $BaSO_4$垢效果好。

4. 复配型复合物

几种作用不同的单剂按一定比例混合，只要相互间不发生反应，无抵消作用，且发挥各自特点，都可复配成复合物使用。

(二)阻垢剂的选用

阻垢剂的选择要考虑以下因素。

1. 垢的化学组成

要分析垢样的主要成分，找出成垢的主要离子，有针对性地选择阻垢剂以取得好的阻垢效果。

2. 结垢严重程度

阻垢剂的效果受过饱和程度的影响。少量结垢时，阻垢剂有好的效果；结垢速度高时，要根据结垢的严重程度选择阻垢剂及投加量。

3. 与其他污水处理剂的配伍性

要考虑阻垢剂与系统中的其他药剂(如杀菌剂、缓蚀剂、除氧剂等)是否起反应而抵消各自的效果。

4. 温度

随温度升高，阻垢剂效果降低，每种阻垢剂使用时都有上限温度。

四、阻垢剂效果的影响因素

（一）浓度

药剂自身浓度是显著影响阻垢分散效果的因素之一。对阻碳酸钙垢的影响与阻磷酸钙垢不同，阻磷酸钙垢作用时阻垢剂存在最低浓度，只有药剂的浓度超过这个最低浓度才有阻磷酸钙垢的作用。

（二）浊度

浊度对药剂阻垢分散效果有不同程度的影响，但对阻磷酸钙垢的影响更大，随浊度增加，阻磷酸钙垢的效果大幅下降。

（三）铁离子

铁离子对药剂阻垢分散效果影响明显，无论是对阻碳酸钙垢还是对阻磷酸钙垢，都随铁离子浓度的增加，阻垢分散效果下降。

（四）钙硬度和碱度

钙硬度和碱度对药剂阻碳酸钙垢和阻磷酸钙垢的作用影响巨大，随钙硬度和碱度的增加，阻垢分散效果下降。

（五）杀菌剂

杀菌剂对不同药剂的阻垢分散效果有不同的影响，氧化性杀菌剂对多数药剂的阻磷酸钙垢有增效作用，非氧化性杀菌剂对不同药剂的影响视类型而定，有增效作用，也有对抗作用。

五、阻垢剂的投加原则以及投加点

（一）阻垢剂的投加原则

（1）在水中垢晶体刚刚形成时，添加的阻垢剂必须能有效阻止垢晶体进一步增长，且阻垢剂必须投加于产生问题部位的上游。

（2）阻垢剂必须连续投加于水中，这样才能防止从水中沉淀出来的垢晶体增长。

需要注意的是，无论采取连续注入阻垢剂的方式，还是运用间歇式处理手段，都必须确保阻垢剂能够持续、不间断地被投加到系统之中，以维持系统稳定运行，有效防控结垢问题。

（二）阻垢剂的投加点

1. 进水口

在油田采出水处理系统中，进水口投加阻垢剂较常见，可从源头控制垢的生成，阻垢剂与进水混合，防止成垢离子沉积。

2. 泵前

泵前投加阻垢剂可借助泵的抽吸、搅拌作用，使阻垢剂与水更好地混合、分散，提升效果。如小型采出水处理系统，阻垢剂投加后能随水流在系统中扩散。

3. 泵后

因泵的加压作用，泵后投加阻垢剂可使阻垢剂随水更快流动扩散，且部分系统水流稳定有利于控制投加量，如大型集输系统泵后投加可高效发挥作用。

4. 过滤器前

过滤器前投加可防成垢物质沉积致堵塞，阻垢剂结合成垢离子使其留于溶液。如砂滤器前投加可延长反冲洗周期等。

5. 过滤器后

过滤后水中仍有离子未完全去除，过滤器后投加可防其在后续部件结垢，如在精密过滤器后投加可保障后续设备进水环境。

6. 储水容器入口

储水容器入口投加可预先处理水，防止容器内结垢，如注水储水罐入口投加能确保罐壁清洁。

7. 储水容器出口

储水容器出口投加确保水有阻垢剂保护，如消防水箱出口投加阻垢剂，可防止消防用水在管道结垢影响设备使用。

六、安全注意事项

油田采出水处理常用的阻垢剂毒性小，无致癌、致畸作用，且易被微生物降解，降解产物对人体无害。

有机膦酸类阻垢剂一般毒性较低，但在高浓度下可能对皮肤和眼睛有刺激性。操作时要穿戴好防护手套、护目镜等防护用品。

聚羧酸类阻垢剂在储存过程中要注意避免高温和强光照射，防止其发生降解。在添加阻垢剂的过程中，要确保计量准确，避免因过量或不足影响阻垢效果。同时，要定期对水质进行检测，观察垢的形成情况，及时调整阻垢剂的用量和种类。

第四节　缓蚀剂

一、缓蚀剂的作用

金属与周围介质接触，由于化学或电化学原因引起的破坏称为腐蚀。油田采出水因其具有较高的矿化度、含有腐蚀性气体(如 H_2S、CO_2、O_2等)和微生物(如 SRB、TGB 等)等特点，所以一般具有较高的腐蚀性，造成污水集输管线、水处理设备、油水井及井下工具的腐蚀破坏。油田采出水系统管线设备的严重腐蚀会影响油田生产系统正常运行。个别油田采出水腐蚀速率最高可达 5mm/a，污水提升泵、管线和设备投产不到一年就因腐蚀而更换或改造，直接或间接影响到油田正常开发。因此，为减轻腐蚀，各油田都投入大量的人力和物力，研究腐蚀及防腐问题，在生产实践中推广应用先进防腐技术和措施。而缓蚀剂是指在腐蚀环境中能阻止或减缓金属腐蚀的一种添加剂，只要加入很少的量就能起到缓蚀作用，是油田常用的防控腐蚀的方法。

在膜工艺中，缓蚀剂同样有着不可忽视的作用。首先，在膜系统的金属部件（如管道、连接件等）面临腐蚀风险时，缓蚀剂能够在金属表面形成一层保护膜。例如，一些含氮、硫等杂原子的有机缓蚀剂，可以通过吸附在金属表面，其分子中的活性官能团与金属原子发生化学键合，从而隔绝金属与腐蚀介质（如含有腐蚀性气体或高矿化度的污水等）的接触，避免金属发生氧化、溶解等腐蚀反应，这对于维持膜系统中金属结构的完整性意义重大。其次，膜工艺中往往涉及复杂的流体环境，缓蚀剂可以随着流体均匀分布在整个系统中，持续发挥其缓蚀功效，保障膜系统长时间稳定运行。因为一旦金属部件被腐蚀，可能会产生腐蚀产物，这些腐蚀产物有可能会在膜表面沉积或者堵塞膜孔，影响膜的通量、截留率等性能指标，而缓蚀剂的加入能从源头上减少这种情况的发生。最后，缓蚀剂的加入可以降低金属腐蚀导致的设备频繁更换和维修成本，确保相关的生产活动能够高效、持续地开展，减少因腐蚀问题带来的对生产进度以及环境等方面的不良影响。

二、缓蚀剂工作的机理

缓蚀剂的工作机理主要有两种，分别是氧化膜型缓蚀剂缓蚀机理和沉淀膜型缓蚀剂缓蚀机理。

（一）氧化膜型缓蚀剂缓蚀机理

氧化膜型缓蚀剂以其本身作氧化剂或以介质中的溶解氧作氧化剂，使金属表面形成钝态的氧化膜来减缓金属的腐蚀速度，故氧化膜型缓蚀剂也称为钝化膜型缓蚀剂。如铬酸钠本身就具有氧化性，在中性水溶液中它可将铁氧化生成伽马三氧化二铁金属氧化膜；它紧密牢固地吸附在金属表面，改变了金属的腐蚀电势，并通过钝化降低腐蚀反应速度：

$$2Fe + 2Na_2CrO_4 + 2H_2O \longequal Fe_2O_3 + Cr_2O_3 + 4NaOH$$

而苯甲酸钠本身不具有氧化性，必须有溶解氧的作用才能起缓蚀作用。

氧化膜型缓蚀剂按其作用的电极反应过程又可分为阳极抑制剂和阴极去极化剂两种。

（二）沉淀膜型缓蚀剂缓蚀机理

沉淀膜型缓蚀剂能在金属表面形成沉淀膜，它可由缓蚀剂与水中某些离子相互作用形成，也可由缓蚀剂与腐蚀介质中存在的金属离子反应形成一层难溶的沉淀物或络合物。沉淀膜比氧化膜厚，一般在几十到一百纳米。沉淀膜的电阻大，并能使金属和腐蚀介质隔离，因而起到抑制腐蚀的作用。由于这种防腐膜没有与金属表面直接结合，且是多孔的，对金属表面的附着性较差，因此这种缓蚀剂的缓蚀效果要稍差于氧化膜型。这类缓蚀剂根据其抑制电极过程的不同，可以分为阴极抑制型和混合抑制型两种，如辛炔醇、磷酸盐等都属于这类缓蚀剂。

三、缓蚀剂的种类

缓蚀剂主要有三种类型，分别是氧化型缓蚀剂、沉淀型缓蚀剂和吸附型缓蚀剂。

(一)氧化型缓蚀剂

氧化型缓蚀剂的缓蚀机理是使金属表面生成一层致密且与金属表面牢固结合的氧化膜或与金属离子生成难溶的盐，从而阻止金属离子进入溶液，抑制腐蚀。如铬酸盐($NaCrO_2$，$K_2Cr_2O_7$)、亚硝酸盐($NaNO_2$)等。

(二)沉淀型缓蚀剂

沉淀型缓蚀剂的缓蚀机理是缓蚀剂与腐蚀环境中的某些组分反应，生成致密的沉淀膜或生成新的聚合物，覆盖在金属的表面，这种膜的电阻率大，抑制了金属的腐蚀。沉淀型缓蚀剂又有阴极抑制型和混合抑制型之分。如辛炔醇、磷酸盐等。

(三)吸附型缓蚀剂

吸附型缓蚀剂均为有机化合物，又称为有机缓蚀剂。缓蚀剂分子一般都有极性基团和非极性基团，加入腐蚀介质中的极性基团吸附在金属表面上，非极性基团则向外定向排列，形成憎水膜，使金属与腐蚀介质隔开，从而起到防腐作用。如烷基胺(RNH_2)、烷基氯化吡啶、咪唑啉衍生物等。

四、缓蚀剂效果的影响因素

(一)金属材料的性能与表面状态

大多数缓蚀剂对金属的缓蚀作用针对性比较强。具体来说，在同一种腐蚀环境介质下增添同一种缓蚀剂，对不同的金属材料有着不一样的缓蚀作用。如，硫酸盐对中性水溶液介质中的碳钢具有腐蚀性，而对于水中含有 Cl^- 的不锈钢，缓蚀剂对应力性腐蚀和点蚀有明显的作用。此外，金属表面是否存在润滑油污染及腐蚀产物，以及金属表面的粗糙度都会影响缓蚀剂的缓蚀效果。

(二)环境因素

(1)介质的组成。介质的组成对缓蚀剂来说是十分重要的影响因素。一般缓蚀剂都具有较强的环境针对性，所以要根据环境－材料的组合进行合理考虑选择。缓蚀剂的结构与性质必须适应介质环境，不仅能分散于介质中，而且还不应与介质发生氧化、还原和中和等化学反应，即其结构不会在介质环境中遭到破坏，性质不会发生改变(类似催化剂)，且不会造成缓蚀剂失效。

(2)环境的酸碱性(即 pH 值)。几乎所有的缓蚀剂发挥缓蚀作用都有一个合适、有效的 pH 值范围。严格控制 pH 值是保证缓蚀剂持久有效的重要因素。据文献报道，多磷酸盐在 pH 值 6.5～7.5 范围内更有效；亚硝酸钠在 pH 值 <5.5 时会失效。

(3)温度。一般而言，缓蚀剂不适宜在高温环境下使用，原因是高温条件下缓蚀剂分子活性可能遭到破坏，性质发生改变，因此在使用缓蚀剂时要十分注意环境温度的影响。

(4)微生物。微生物无处不在，并且种类繁多，腐蚀环境同样存在大量微生物，具体而言，微生物会从以下三个方面影响腐蚀与缓蚀作用，导致缓蚀剂失去作用。

1)腐蚀过程中的微生物有可能造成大量腐蚀产物的生成与孔蚀。

2)凝絮状真菌的生长与积累会妨碍介质的流动，进而导致缓蚀剂不能均匀分散在金属表面。

3)细菌的作用是多方面的，有的对生产、生活有益，有的不一定，如细菌有可能对缓蚀剂造成最直接的破坏，因为缓蚀剂可能成为微生物的营养来源。

(三)缓蚀剂浓度

一般来说所有的缓蚀剂都存在一个最低或最佳的浓度值，只有当缓蚀剂浓度大于此浓度值或者处于最佳浓度值时才能达到一定的缓蚀效率。缓蚀剂浓度对缓蚀效率的影响具体有下述三种不同情况。

(1)缓蚀效率随缓蚀剂浓度增大而增大。很多缓蚀剂在酸性环境中以及中性介质溶液中属于这种情况。

(2)当缓蚀剂浓度达到某一具体值或者最佳浓度值时，缓蚀效率有可能出现一个最大值。如硫化二乙二醇，当其浓度值是 2×10^{-2}mol/L 时，碳钢在 5mol/L HCl 中的腐蚀速度就会降到最低值，从而使碳钢受到最大限度的保护。

(3)当缓蚀剂浓度不足或者因时间久而浓度降低时，其缓蚀效率也开始慢慢降低，从而在一定程度上加速均匀腐蚀或孔蚀。具体而言，大部分氧化膜型缓蚀剂属于这种情况，如亚硝酸盐、铬酸盐和过氧化氢等缓蚀剂，在用量不足时是危险的。

五、缓蚀剂的选用原则以及投加点

(一)缓蚀剂的选用原则

缓蚀剂的种类繁多，用法各异，必须根据腐蚀介质的具体情况查清腐蚀原因和机理，找出具有针对性的缓蚀剂，才能收到较好的防腐效果。

1. 腐蚀原因

对于油田的生产系统，腐蚀原因有 pH 值、含盐、含腐蚀性气体、存在细菌等，要想找出腐蚀的主要原因，必须测定各气体的溶解量，分析腐蚀介质的离子组成、腐蚀产物等。抑制 H_2S 腐蚀，可选用吡啶类和脂肪胺类吸附膜型缓蚀剂；防止 CO_2腐蚀，选用咪唑啉类缓蚀剂。

2. 室内评价

根据腐蚀原因和机理准备几种缓蚀剂，先在室内筛选出缓蚀率高的缓蚀剂并确定其用量，再在现场应用。室内评价一般采用挂片实验法。

3. 确定用量和加药方式

设立腐蚀监测点，随时监测挂片腐蚀速度，以便调整和改进缓蚀剂品种、加药量和加药方式。

4. 经济技术指标

对缓蚀剂的价格、用量、毒性及缓蚀率进行全面分析，选择缓蚀率相对较高、成本较低、对环境污染小的缓蚀剂品种。

使用缓蚀剂时需要注意：缓蚀效果应良好，投加量少，处理成本较低；与破乳剂配伍性好，不影响破乳除油；在水中的溶解性和分散性好，乳化倾向小；与杀菌剂、阻垢剂等其他水处理剂互溶，彼此之间不产生沉淀，不产生降低效果和减小滤膜系数等不利影响；对细菌有一定的抑制作用，不加快细菌繁殖。

（二）缓蚀剂的投加点

1. 井口处

在井口投加缓蚀剂，能够让缓蚀剂随着采出液（原油、水等的混合液）一起进入整个油井生产系统。从源头进行防护，由于油井内部的管道、设备等长时间接触含有腐蚀性成分（如 CO_2、H_2S 等）的介质，在井口就加入缓蚀剂，可以第一时间在金属表面形成保护膜，阻止腐蚀介质与金属直接接触，从而有效减缓管道、井下设备等的腐蚀速度。例如，在一些含 H_2S 较高的酸性油井中，在井口投加专门针对 H_2S 腐蚀的缓蚀剂，能最大限度延长井下油管的使用寿命。

2. 集输管道起始端

当各油井的采出液汇聚到集输管道时，在集输管道起始端投加缓蚀剂，可确保缓蚀剂均匀分散在混合的采出液中，进而对后续的集输管道起到保护作用。因为集输管道通常距离较长，内部流体长时间流动过程中，没有缓蚀剂的保护，很容易因腐蚀出现穿孔、泄漏等问题。在这里投加缓蚀剂，缓蚀剂能随着流体不断流动并附着在管道内壁，持续发挥缓蚀功效，保障集输系统的正常运行。

3. 注水系统入口

在注水驱油工艺中，注入水通常含有一定量的溶解氧、微生物等可能引发腐蚀的因素。如果注水系统的管道、设备等被腐蚀，不仅会影响注水效果，还可能导致系统故障。在注水系统入口处投加缓蚀剂，使其与水中的腐蚀性成分发生作用，抑制腐蚀反应的发生，保护注水管道、注水泵等设备，确保注水过程的顺利进行，维持良好的驱油效果。

六、安全注意事项

常用的有机胺类缓蚀剂均有毒性，会使皮肤干燥、裂口和红肿，进而发生皮炎，对皮肤造成危害。如三乙烯二胺具有强碱性，其蒸气对人的眼睛、鼻孔、咽喉和呼吸器官有刺激性，并能引起疼痛，甚至出现皮炎或哮喘。因此应避免与人直接接触。皮肤触及后应用大量水或硼酸溶液冲洗；眼睛接触后，立即用大量流动水冲洗，且时间不得少于15min。

咪唑啉类缓蚀剂一般毒性较低，但如果其浓度过高可能对皮肤和眼睛有刺激性。操作时要穿戴好防护手套、护目镜等防护用品。

有机胺类缓蚀剂有些可能具有挥发性和刺激性气味，在储存和使用过程中要注意通风。同时，在添加缓蚀剂的过程中，要确保计量准确，避免因过量或不足影响缓蚀效果，且要定期对设备进行检查，评估缓蚀剂的使用效果，及时调整用量和种类。

第五节　絮凝剂和助凝剂

一、絮凝剂

一般把能起凝聚与絮凝作用的药剂统称为絮凝剂。习惯上将低分子药剂称为凝聚剂，将高分子药剂称为絮凝剂。

(一) 无机絮凝剂

常用的无机絮凝剂见表 6－1。

表 6－1　常用的无机絮凝剂

分类	无机絮凝剂
无机盐类	硫酸铝、硫酸亚铁、硫酸铁、铝酸钠、氯化亚铁、氯化锌、四氯化钛
碱类	碳酸钠、氢氧化钠、石灰
金属氢氧化物	氢氧化铝、氢氧化铁
固体细粉	高岭土、膨润土、酸性白土、炭黑、飘尘
无机高分子聚合物	聚合氯化铝、聚合硫酸铁

常用的无机絮凝剂主要有铝系金属盐和铁系金属盐，铝盐如硫酸铝、明矾、铝酸钠等；铁盐如硫酸亚铁、硫酸铁、三氯化铁等；其他还有碳酸镁、活化硅酸、高岭土、膨润土等。这些药剂均可取得良好的絮凝效果，可根据水质情况选用。只是在絮凝过程中，大多数会产生较多的污泥。此外，无机高分子絮凝剂，如聚合氯化铝、聚合硫酸铁目前应用最为广泛，絮凝效果也更好。用于水处理的絮凝剂要求絮凝效果好，对人类健康无害，价廉易得，使用方便。

1. 三氯化铁

三氯化铁有无水物、结晶水物和液体三种形态，液体、晶体物或受潮的无水物腐蚀性较大，调制和加药设备必须考虑用耐腐蚀材料，常用的是六水合三氯化铁($FeCl_3 \cdot 6H_2O$)。六水合三氯化铁是黑褐色的结晶体，有强烈吸水性，极易溶于水，其溶解度随温度上升而增加，形成的矾花沉淀性好，处理低温水或低浊水效果比铝盐的好，适用的 pH 值范围较宽，但处理后水的色度比铝盐的高。

2. 硫酸亚铁

硫酸亚铁($Fe_2SO_4 \cdot 7H_2O$)为半透明绿色晶体，易溶于水，在水温 20℃时溶解度为 21%。硫酸亚铁离解出的 Fe^{2+} 只能生成最简单的单核配合物，因此不如三价铁盐那样有良好的絮凝效果。残留在水中的 Fe^{2+} 会使处理后的水带有颜色，Fe^{2+} 与水中的某些有色物质作用后，会生成颜色更深的溶解物。因此，使用硫酸亚铁时应先将二价铁氧化为三价铁，才能使其发挥絮凝作用。

3. 硫酸铝

硫酸铝是水处理中使用较多的絮凝剂。常用的硫酸铝含18个结晶水，其产品有精制和粗制两种。精制硫酸铝是白色结晶体。粗制硫酸铝的可溶解有效成分 Al_2O_3 含量不少于14.5%，不溶杂质含量不大于30%，价格较低，但质量不稳定，因含不溶杂质较多，增加了药液配制和排除废渣等方面的困难。硫酸铝易溶于水，水溶液呈酸性，室温时溶解度大致是50%，pH值在2.5以下。沸水中溶解度提高至90%以上。硫酸铝使用便利，絮凝效果较好，不会给处理后的水质带来不良影响。当水温低时，硫酸铝水解困难，形成的絮体较松散。硫酸铝使用时，适用pH值范围较窄，与原水硬度有关。对于软水，pH值在5.7~6.6；中等硬度的水pH值为6.6~7.2；硬度较高的水pH值则为7.2~7.8。因此，在投加硫酸铝时应考虑上述特性，以免加入过量硫酸铝，使水的pH值降至适宜的pH值以下，既浪费了药剂，又使处理后的水浑浊。明矾[$Al_2(SO_4)_3 \cdot K_2SO_4 \cdot 24H_2O$]是硫酸铝和硫酸钾的复盐，为天然物质，其作用机理与硫酸铝相同。

4. 活化硅酸

活化硅酸是在20世纪30年代后期作为絮凝剂开始在水处理中得到应用的。由于呈真溶液状态的活化硅酸带有负电荷，对胶体的絮凝是通过吸附架桥使粒子粘连而完成的，因而常被称为絮凝剂或助凝剂。活化硅酸一般在水处理现场制备，原因是活化硅酸在储存时易析出硅胶而失去絮凝功能。活化硅酸实质上是硅酸钠在加酸下水解聚合反应进行到一定程度的中间产物，其组分特征(如电荷、大小、结构)，取决于水解反应起始的硅浓度、反应时间(从酸化到稀释)和反应时的pH值。

5. 聚合氯化铝

聚合氯化铝($[Al_2(OH)_nCl_{6-n}]_m$)与其他絮凝剂相比，具有下列优点：①应用范围广，对各类污水都可实现好的絮凝效果。②易快速形成大的矾花，沉淀性能好，投药量一般比硫酸铝低，当投药过量时也不会像硫酸铝那样造成水浑浊。③适宜的pH值范围较宽(在5~9之间)，且处理后水的pH值和碱度下降较小。④水温低时仍可保持稳定的絮凝效果。⑤其碱化度比其他铝盐、铁盐高，因此药液对设备的侵蚀作用小。

6. 聚合硫酸铁

聚合硫酸铁的化学式为$[Fe_2(OH)_n(SO_4)_{3-n/2}]_m$。它与聚合铝盐都是具有一定碱化度的无机高分子聚合物，且作用机理也颇为相似。适宜水温为10~50℃，适宜pH值为5.0~8.5，但在pH值为4.0~11.0范围内均可使用。与普通铁铝盐相比，它具有投加剂量少、絮体生成快、对水质的适用范围广、水解时消耗水中碱少等优点，因而在污水处理中的应用越来越广泛。

(二)有机絮凝剂

常用的有机絮凝剂见表6-2。

表6-2　有机絮凝剂种类

分类	有机絮凝剂
表面活性剂阴离子型絮凝剂	月桂酸钠、硬脂酸钠、油酸钠、十二烷基苯磺酸钠、松香酸钠
表面活性剂阳离子型絮凝剂	十二烷胺醋酸盐、十八烷、松香胺醋酸、烷基三甲基氯化铵、十八烷基二甲基二苯乙二酮、氯化铵
低聚度高分子絮凝剂	精氨酸钠、羚基甲基纤维素钠、水溶性苯胺树脂盐酸盐、聚乙烯亚胺、聚乙烯苯甲基三甲基胺、淀粉、水溶性脲醛树脂、明胶
高聚度高分子絮凝剂	聚丙烯酸钠(阴离子型)、聚乙烯吡咯烷酮(非离子型)、聚丙烯酰胺(非离子型)

人工合成的聚丙烯酸钠PAAS(阴离子型)、聚乙烯吡咯烷酮(非离子型)和聚丙烯酰胺PAM(非离子型)等高分子絮凝剂是常用的有机絮凝剂。这类絮凝剂只需投加较少量，便可获得较佳的絮凝效果，而且污泥量也较少。

1. *作用机理*

有机絮凝剂的作用机理主要分为两个方面：

(1)氢键、静电、范德华力等作用对胶粒的吸附结合。

(2)线型高分子在溶液中的吸附架桥作用。

一般情况下，不论絮凝剂为何种离子类型，对不同电性的胶体和细微悬浮物都是有效的，但如果为离子型，且电性与胶粒电性相反，就能起到降低电位和吸附架桥的双重作用，可明显提高絮凝效果。离子型高分子絮凝剂由于带同号电荷，产生的静电斥力会使线型分子延伸开来，增大捕捉范围，活性基团也能充分暴露，有利于更好地发挥架桥作用。因此，离子型高分子絮凝剂是今后的发展重点。

2. *代表产品*

PAM是常见的有机絮凝剂，通常与其他絮凝剂一起使用，可实现较好的絮凝效果。PAM的投加顺序与采出水水质相关。当采出水浊度低时，宜先投加其他絮凝剂，再投加PAM，使胶体颗粒先脱稳到一定程度，为PAM的絮凝作用创造有利条件；当采出水浊度高时，应先投加PAM，再投加其他絮凝剂，以让PAM先在高浊度水中充分发挥作用，吸附部分胶粒，使浊度下降，其余胶粒由其他絮凝剂脱稳，再由PAM吸附，这样可降低其他絮凝剂的用量。

(三)絮凝剂投加点

1. *混凝反应阶段*

絮凝剂通常在原水进入处理流程后的快速混合阶段投加。这个阶段要求药剂能在极短时间内(一般在几秒到几十秒)与原水充分混合，目的是让絮凝剂迅速均匀地分散在水中，与水中的胶体颗粒等污染物接触。例如在给水处理厂中，当处理地表水时，聚合氯化铝(一种常见的絮凝剂)会在原水进入混合池时通过管道混合器或者机械搅拌等方式快速投加，使药剂与原水瞬间混合，这样可以利用絮凝剂的电荷中和作用，快速降低胶体颗粒的表面电位，使它们脱稳。

2. 絮凝反应阶段

在初步混合之后，进入絮凝反应阶段，这个阶段可形成较大絮体。投加点可以在絮凝反应池的前段部分。以机械搅拌絮凝池为例，絮凝剂在经过快速混合后，随着水流进入絮凝反应池，在这里以适宜的搅拌强度和时间，让脱稳后的颗粒相互碰撞聚结。在这个阶段，絮凝剂继续发挥作用，促进小絮体逐渐长大成为肉眼可见的、易于沉淀的大絮体。搅拌速度一般是先快后慢，防止已经形成的絮体被打碎。

(四)絮凝剂的应用

首先要确定采出水的水质情况，包括悬浮固体含量、颗粒大小分布、酸碱度等。一般通过实验来确定最佳用量。例如，对于常见的 PAM 絮凝剂，其用量通常在 1～100mg/L。

先将絮凝剂配制成一定浓度的母液，如将固体 PAM 配制成浓度为 0.1%～0.5% 的水溶液。配制母液时，要缓慢地将药剂加入水中，同时进行搅拌，搅拌速度以不产生剧烈旋涡为宜，一般在 40～60r/min，搅拌时间 30～60min，确保药剂充分溶解。

然后根据小试确定的用量，将母液缓慢加入待处理的采出水中，同时进行适当的搅拌(搅拌速度稍慢，20～30r/min)，使絮凝剂与采出水充分混合均匀。混合时间根据水量和设备情况而定，一般在 10～30min。现场使用时再根据具体情况进行微调。

二、助凝剂

当单独使用某种絮凝剂不能取得良好效果时，还需投加助凝剂。助凝剂是指与絮凝剂一起使用，以促进水的絮凝过程的辅助药剂。助凝剂可用于调节或改善絮凝条件，也用于改善絮凝体的结构。有机类絮凝剂与其他无机类絮凝剂合用，絮凝的效果更佳，经济上也更节约。某些天然的高分子物质，如淀粉、纤维素、蛋白质以及藻类等，本身就具有絮凝或助凝的作用。助凝剂本身可以起絮凝作用，也可不起絮凝作用。

(一)助凝剂的分类

1. pH 值调节剂

在污水 pH 值不符合工艺要求，或在投加絮凝剂后 pH 值有较大变化时，需投加 pH 值调节剂。常用的 pH 值调节剂包括石灰、氢氧化钠、硫酸等。

2. 絮体结构改良剂

当生成絮体小、松散且易碎时，可投加絮体结构改良剂以改善絮体的结构，增加其粒径、密度和强度，如活化硅酸、黏土等。

3. 氧化剂

当污水中有机物含量高时易起泡沫，使絮凝体不易沉降时，可投加氯气、次氯酸钠等氧化剂来破坏有机物，以提高絮凝效果。

(二)助凝剂投加点

1. 与絮凝剂同时投加或稍后投加

助凝剂的作用是帮助絮凝剂更好地发挥作用，有些助凝剂可以与絮凝剂同时投加。例如，当使用 PAM 配合聚合氯化铝进行水处理时，PAM 可以在聚合氯化铝投加后的短时间内(可能在几分钟内)投加。这是因为 PAM 可以通过吸附架桥作用，将已经脱稳但还未有效聚集的小颗粒聚集起来，形成更大的絮体结构。

2. 在絮凝过程中投加

如果在絮凝过程中发现絮体细小、松散、不易沉降，这时可以及时投加助凝剂来改善絮体的性能。在污水处理厂的实际运行中，技术人员会根据絮凝池内絮体的情况灵活决定助凝剂的投加。比如在处理印染废水时，由于废水中含有复杂的有机物和染料分子，可能会出现絮凝效果不好的情况，此时投加适量的助凝剂，如活化硅酸等，可以增大絮体的密度，提高沉降性能，确保处理后的水质达到相应标准。

(三)助凝剂的应用

1. 使用场景

首先要了解处理水的基本性质，包括悬浮物含量、油含量、pH 值、水温等。例如，处理的是含油水，且油滴粒径较小，乳化程度较高，就需要选择具有较强破乳和絮凝辅助功能的助凝剂。同时，要明确处理后的水质要求，如出水的悬浮物含量的上限等。

2. 确定种类和用量

取一定量的待处理水样(例如 1L)，在实验室中进行小试。将助凝剂配制成不同浓度的溶液，比如对于固体助凝剂，可先配制成浓度为 0.1% ~1% 的母液。配制母液时，将固体助凝剂缓慢加入适量的水中，边加边搅拌(搅拌速度以 40 ~60r/min 为宜)，确保助凝剂完全溶解。然后将母液按照不同的体积(如 1mL、2mL、3mL 等)加入水样中，同时加入适量的絮凝剂(絮凝剂的用量也需要通过小试确定)，搅拌(搅拌速度 20 ~30r/min)一段时间后观察絮凝效果，如絮凝体的大小、沉降速度等。通过比较不同用量下的絮凝效果，确定一个合适的助凝剂用量范围。

3. 现场应用优化

假设在小试中确定了某种助凝剂的最佳用量为每升水样添加 2mL 浓度为 0.5% 的母液。在现场应用时，先计算出所需母液的总体积。例如，要处理 $10m^3$ 的水样，所需母液体积为 $10 \times 1000 \times 2/1 = 20000(mL) = 20L$。

将助凝剂母液通过计量泵等设备缓慢均匀地加入采出水水样中，同时开启搅拌设备，搅拌速度和时间根据小试确定的参数进行设置，一般搅拌时间在 5 ~10min。在添加过程中，要持续监测水质情况，如观察絮凝体的形成和沉降效果。如果发现絮凝效果不理想，可能需要对助凝剂的用量或其他操作参数(如搅拌速度、pH 值等)进行适当调整。

第六节　除氧剂

一、除氧剂的作用

在污水处理过程中，隔氧不彻底，或清污水混合处理，都有可能使系统中含有不同程度的溶解氧。溶解氧是加剧腐蚀的主要因素之一，尤其在高矿化度的油田采出水处理系统中，很低的溶解氧含量(0.5mg/L 以下)也会引起严重的腐蚀。当系统中同时存在 CO_2 和 H_2S 时，二者相互作用使腐蚀更加严重。因此，防止氧气进入系统或把已进入系统的溶解氧除去，降低系统腐蚀已成为油田采出水处理过程的重要部分。在污水处理过程中，一般采用投加除氧剂的方法去除水中的溶解氧。对于矿化度 >5000mg/L 的污水处理系统，除氧的一般标准为溶解氧浓度 ≤0.05mg/L。对于矿化度 <5000mg/L 的污水处理系统，溶解氧浓度应 <0.5mg/L。

除氧的方法有机械法和化学法两种，机械除氧主要用于溶解氧含量高并且对溶解氧含量要求低的系统，油田采出水处理系统一般采用密闭隔氧与化学除氧相结合的方法。

氧气加剧腐蚀的原因主要表现在两个方面：一方面，氧气起“去极化剂”的作用，很容易与阴极上的氢离子结合生成氢氧根离子进入水中；另一方面，由于氧气的不断进入，将氢氧化亚铁氧化成氢氧化铁沉淀出来。另外，若水中的氧浓度分布不均匀，将导致氧浓差电池腐蚀，贫氧区为阳极区，从而造成金属的局部腐蚀(点蚀)。此外，氧气的进入会使水中悬浮物增加，有利于好氧微生物的生长和繁殖，进而使水质恶化，造成严重的地层污染和堵塞。

二、除氧剂的种类与选用

(一)除氧剂的种类

油田采出水处理系统采用的除氧剂多为亚硫酸盐(Na_2SO_3、NH_4HSO_3、SO_2)。这些除氧剂的除氧机理是利用水中的溶解氧，把 SO_3^{2-} 氧化成 SO_4^{2-}，从而把溶解氧除去。除氧反应受水的 pH 值和催化剂的影响很大，一般情况下，pH 值越高反应越快；催化剂(镍盐、钴盐)能加快除氧剂与溶解氧的反应速度。

1. 二氧化硫(SO_2)

二氧化硫储存在具有压力的钢瓶里，以液化气体的形式提供给现场。其优点是价格低；缺点是需要特殊的气体处理设备，并且需分别加入催化剂。值得注意的是，加入催化剂时，应将其加在除氧剂加入点的上游。

2. 亚硫酸钠(Na_2SO_3)

一般将亚硫酸钠制成含催化剂的固体粉末，到现场用清水溶解后使用。其优点是价格低、运输方便；缺点是溶液不防冻，液体和蒸气具有毒性、腐蚀性，能与空气中的氧气反应，降低除氧效率。

3. 亚硫酸氢钠($NaHSO_3$)

通常将亚硫酸氢钠制成含催化剂的粉末或浓缩液(质量分数为 35%)使用。其优点是制成浓缩液后在高矿化度的盐水中反应速度快；缺点是具有毒性和腐蚀性。

4. 亚硫酸氢铵(NH_4HSO_3)

使用前，可将亚硫酸氢铵制成粉末或浓缩液(质量分数为 70%)。其优点是价格低，可制成高浓缩液；缺点是具有毒性和腐蚀性。

5. 联氨(N_2H_4，肼，无水肼)

联氨的主要作用是高温除氧，当温度在90℃以上时，反应十分迅速。其优点是除氧效率高，不影响水质；缺点是价格昂贵。

(二)除氧剂的选用

在选择除氧剂时，应考虑以下几点。

1. 温度

除氧剂(亚硫酸钠、亚硫酸氢钠、亚硫酸氢铵和联氨等)一般在常温下反应非常缓慢，需要加热至高温才能迅速反应，起到除氧的效果。

2. 催化剂

含有催化剂的除氧剂(亚硫酸钠、亚硫酸氢钠)，常温下就能提高与氧的反应速度。

3. 其他因素影响

除氧剂会和水中其他水处理剂发生不同程度的反应而失去除氧功能，应先进行配伍性实验。

三、除氧剂的投加点

在油田相关生产系统中，除氧剂的投加点同样有着多个合适的选择，各投加点都有其相应的作用原理。

(一)注水系统入口

在注水驱油的过程中，注入水通常含有一定量的溶解氧，而溶解氧是引发注水系统中管道、设备腐蚀的关键因素之一。在注水系统入口处投加除氧剂，除氧剂能够迅速与水中的溶解氧发生化学反应，将氧气去除或者转化为对系统无腐蚀性的物质，从而避免氧气在后续的注水管道、注水泵以及地层等部位造成腐蚀，保障注水系统的长期稳定运行，维持良好的注水效果以及驱油效率。例如，常用的亚硫酸钠除氧剂，在注水系统入口处加入后，会和水中的溶解氧按照化学计量比发生反应，生成硫酸钠等无害物质。

(二)处理系统前端

油田采出水中通常也含有一定量的溶解氧，并且采出水后续还需要经过一系列的处理流程，如除油、过滤等，如果水中的溶解氧不提前去除，在后续的处理设备和管道中就容易引发腐蚀问题。在采出水处理系统前端投加除氧剂，能在采出水刚进入处理流程时就将溶解氧去除，保护后续的处理设备，延长它们的使用寿命，减少因腐蚀带来的维修、更换成本，同时也有助于提高采出水处理后的水质。

(三)集输管道的起始端

在集输过程中，来自各油井的采出液汇聚到集输管道，采出液中若含有溶解氧，随着流体在管道内长时间的流动，会对集输管道造成腐蚀，尤其在管道的低洼处、焊缝等部位容易出现腐蚀穿孔等问题。在集输管道的起始端或者分水器前投加除氧剂，能使除氧剂均匀分散在采出液中，及时去除其中的溶解氧，让流体在流经整个集输管道的过程中对管道的腐蚀性大大降低，确保集输系统的安全可靠运行，减少因管道腐蚀泄漏带来的环境风险以及生产损失。

四、除氧剂的应用

(一) 确定含氧量和处理量

首先要测量待处理流体(水或油)中的溶解氧含量，可以使用溶解氧测定仪进行准确测量。同时，确定需要处理的流体的体积或流量。

(二) 除氧剂用量

以亚硫酸钠为例计算除氧剂用量，根据化学方程式，氧气的摩尔质量为32g/mol，亚硫酸钠的摩尔质量为126g/mol。由化学计量关系可知，每32g氧气需要2×126g亚硫酸钠来除氧。

已知储罐中污水含氧量为10mg/L，即10g/m^3，对于1000m^3的储罐，总含氧量为$1000^3 \times 10g/m^3 = 10000g$。

所需亚硫酸钠的质量为：$\frac{2 \times 126}{32} \times 10000g \approx 78750g$。

如果将亚硫酸钠配制成一定浓度的溶液来添加，比如配制成10%(质量分数)的溶液，那么所需溶液的体积为：$\frac{78750g}{10\%} \div 1000g/L \approx 787.5L$。

五、安全注意事项

除氧剂大多有毒性，可能会对眼睛、皮肤、黏膜和呼吸道有强烈的刺激作用。吸入后可因喉、支气管的痉挛、水肿、炎症，以及化学性肺炎和肺水肿而致死。中毒表现有烧灼感、咳嗽、喘息、喉炎、气短、头痛、恶心和呕吐。

以联氨为例，由于它有毒性，在储存和使用过程中，工作人员需要佩戴好防毒面具、防护手套等安全防护用品。而且联氨在高温或与强氧化剂接触时可能会发生爆炸，所以要避免其处于这些危险环境中。对于亚硫酸钠，由于它在空气中易被氧化，储存时要注意密封，防止变质。在添加除氧剂的过程中，要确保其在流体中均匀分布，可以通过搅拌或循环等方式来实现。同时，要定期监测流体中的溶解氧含量，以评估除氧剂的使用效果，并根据实际情况调整除氧剂的用量和添加频率。

第七节　氧化剂

一、氧化剂的作用及机理

氧化剂是氧化还原反应中得到电子或有电子对偏向的物质，即由高价变到低价的物质。氧化剂在反应中表现氧化性。氧化能力强弱反映的是氧化剂得电子能力的强弱，而不是得电子数目的多少，如浓硝酸的氧化能力比稀硝酸强，得到电子的数目却比稀硝酸少。因此，含有容易得到电子的元素的物质常被用作氧化剂，如氧化物中的过氧化钠、过氧化氢，氯的含氧酸及其盐等常用氧化剂被普遍应用于工业废水和油田采出水处理中。

氧化剂有强烈氧化性，与水中的一些具有还原性的有害物质发生氧化还原反应，使水中有害物质以无害化状态存在于水中或者被除去，从而达到净化水质的目的。例如，H_2O_2氧化剂作用机理是：H_2O_2与水中的有害金属离子Fe^{2+}发生反应，H_2O_2分解产生·OH，使Fe^{2+}被氧化成Fe^{3+}，·OH还可进攻水中有机物分子夺取氢，将大分子有机物降解为小分子有机物或矿化为CO_2和H_2O等无机物，Fe^{3+}在中性pH环境下，以$Fe(OH)_3$的形式存在，容易被去除。

二、氧化剂的种类与选用

氧化剂按化学组成分为无机氧化剂和有机过氧化物两类。其中，无机氧化剂又可分为过氧化物、氧的高价含氧酸及其盐、硝酸盐、高锰酸盐、过氧酸盐类、高价金属盐类和高价金属氧化物；有机过氧化物是分子组成中含有过氧基(—O—O—)的有机物，如过乙酸、过氧化十二酰和过氧化甲乙酮等。而在水处理上常用的氧化剂有过氧化钠、过氧化氢氯酸钾、硝酸铵、次氯酸钙和过乙酸等。

(一)氧化剂的种类

1. 过氧化氢

过氧化氢别名双氧水，分子式H_2O_2。纯过氧化氢为无色黏稠液体，易分解放出氧气和热，是强氧化剂。水溶液浓度一般含量为27.5%和35%，相对密度1.11～1.13(水=1)，沸点106～108℃，凝固点－32.8～－26℃。

制备方法有电解法和自动氧化法两种。电解法因电解生成的中间产物不同分为过硫酸铵法、过硫酸钾法和过硫酸法。工业上主要采用过硫酸铵法，该法具有电流效率高、工艺流程短、电耗低等优点，其机理是将硫酸氢铵水溶液电解，生成含量为180～240g/L的过硫酸铵，在减压条件下进行水解、蒸馏、浓缩分离、除去酸雾，然后经精馏，制得过氧化氢，控制H_2O_2浓度为27.5%。反应式如下：

$$2NH_4HSO_4 \longrightarrow (NH_4)_2S_2O_8 + H_2\uparrow$$

$$(NH_4)_2S_2O_8 + 2H_2O \longrightarrow 2NH_4HSO_4 + H_2O_2$$

2. 过氧化钠

过氧化钠别名双氧化钠，分子式Na_2O_2，为米黄色粉末或颗粒，加热后则变为黄色，具有吸湿性。露置在空气中能吸收水分，放出氧气。遇水发生强烈反应，生成氢氧化钠及过氧化氢，后者会很快分解成水和氧气，并放出大量的热。Na_2O_2有较强的腐蚀性和氧化性。相对密度2.80，熔点460℃(分解)。

危险特性：强氧化剂。与有机物和易燃物如硫、磷等接触能引起燃烧，甚至爆炸；与水发生剧烈反应，产生高温，量大时能发生爆炸；具有较强的腐蚀性。

3. 硝酸铵

硝酸铵，分子式 NH_4NO_3，为无色透明结晶或白色颗粒。硝酸铵有潮解性，易溶于水、乙醇和丙酮，不溶于乙醚。210℃时分解，释放出 NO_2，继续加热至230℃以上，则释放出氧气，300℃时有爆炸危险。相对密度1.72(水=1)，熔点169.6℃。

4. 氯酸钾

氯酸钾，分子式 $KClO_3$，别名白药粉，为无色片状结晶或白色结晶粉末，溶于水，不溶于乙醇。不易潮解，400℃时分解，加热至610℃释放出全部的氧气。相对密度2.32(水=1)，熔点368.4℃。

5. 次氯酸钙

次氯酸钙，分子式 $Ca(ClO)_2$，为白色颗粒或粉末，具有强烈的氯臭，含有效氯约65%。其稳定性比漂白粉高得多，储藏一年有效氯降低至<10%。其具有腐蚀性和较强的氧化性。与酸作用可释放出氯气。易溶于冷水，在热水及乙醇中分解。

制备主要采用石灰氧化法。首先将石灰(CaO)用水消化成熟石灰。然后，将糊状熟石灰在氯化塔中与自下而上的氯气对流接触，进行氯化反应。反应式如下：

$$2Ca(OH)_2 + 2Cl_2 \longrightarrow CaCl_2 + Ca(ClO)_2 + 2H_2O$$

6. 过氧乙酸

过氧乙酸，分子式 CH_3COOOH，无色液体，有强烈刺激性气味，易溶于水、乙醇、乙醚、硫酸。相对密度1.15，熔点0.1℃，沸点105℃，闪点41℃。一般商品为35%和18%~23%两种过氧乙酸溶液。

(二)氧化剂的选用

选择使用污水处理氧化剂时，一般应注意以下几点：

(1)分析污水中有害物质类型及数量，确定氧化剂类型和加药浓度。

(2)加入的氧化剂与其他药剂不发生化学反应，配伍性好。

(3)应考虑其腐蚀性、有毒性和易燃易爆性，设计氧化剂储放、投加设施和操作制度。

(4)价格低、来源广、用量少和效率高。

(5)易于管理，利于清洁生产。

三、氧化剂的配比应用

在油田作业中，使用氧化剂有多种目的。用于处理采出水时，可氧化水中的硫化物、亚铁离子或有机物，以减少对设备的腐蚀、降低化学需氧量(COD)和改善水质。

(一)确定水质参数

首先要明确具体的氧化目标，同时分析水质情况，包括目标物质的浓度、水的酸碱度(pH值)、温度等。

以氧化水中的硫化物为例，需要先测定水中硫化物的含量，假设水中硫化物含量为

10mg/L，处理水量为 $1m^3$，那么硫化物的总质量为 10g。

(二) 计算氧化剂用量

以高锰酸钾为例，高锰酸钾是一种强氧化剂，在酸性条件下，其氧化能力更强。它与硫化物反应的化学方程式为：

$$5H_2S + 2KMnO_4 + 3H_2SO_4 \longrightarrow K_2SO_4 + 2MnSO_4 + 8H_2O + 5S$$

从化学方程式可以看出，2mol 的 $KMnO_4$ 可以氧化 5mol 的 H_2S。$KMnO_4$ 的摩尔质量为 158.03g/mol，H_2S 的摩尔质量为 34.08g/mol。

根据化学计量关系，氧化 10g 硫化物所需 $KMnO_4$ 的质量为：

先计算硫化物的物质的量：$n(H_2S) = \frac{10g}{34.08g/mol} \approx 0.293mol$。

根据化学方程式中 $KMnO_4$ 和 H_2S 的化学计量比，所需 $KMnO_4$ 的物质的量为：$n(KMnO_4) = \frac{2}{5} \times 0.293mol = 0.117mol$。

则所需 $KMnO_4$ 的质量为 $m(KMnO_4) = 0.117mol \times 158.03g/mol \approx 18.5g$。

上述计算基于理论化学计量关系，但在实际应用中，由于水中可能存在其他还原性物质、反应可能不完全等因素，实际用量可能需要增加。一般通过实验确定合适的过量系数，假设过量系数为 1.2，那么实际需要的 $KMnO_4$ 质量约为 $18.5g \times 1.2 = 22.2g$。

(三) 氧化剂溶液的配制

配制高锰酸钾溶液前，一般先配制母液。例如，配制浓度为 0.1mol/L 的高锰酸钾母液，根据 $n = c \cdot V$（n 为溶质的物质的量，c 为溶液浓度，V 为溶液体积），计算所需高锰酸钾的质量。

设配制 1L 溶液，所需高锰酸钾的质量为：$m = 0.1mol/L \times 1L \times 158.03g/mol = 15.8g$。

将 15.8g 高锰酸钾固体溶解在少量水中，在烧杯中搅拌使其充分溶解，然后转移至 1L 容量瓶中，加水定容至刻度线，得到 0.1mol/L 的高锰酸钾母液。

根据计算得到的实际用量，将配制好的高锰酸钾母液缓慢加入待处理的水中。可以使用计量泵精确控制加入量，同时开启搅拌设备，使氧化剂与水充分混合均匀。搅拌速度可以控制在 30～50r/min，搅拌时间根据水量和实际反应情况而定，一般不少于 30min，以确保氧化反应充分进行。

四、安全注意事项

(一) 过氧化氢安全注意事项

过氧化氢可致人体遗传物质 DNA 损伤及基因突变，与各种病变的发生关系密切；导致老鼠及家兔等动物患癌，进而可能使人类致癌；可能加快人体的衰老进程；与阿尔茨海默病，尤其是早发性阿尔茨海默病的发生或发展关系密切；与帕金森病、脑卒中、动脉硬化及糖尿病性肾病和糖尿病性神经病变的发展密切相关；可能导致或加重白内障等眼部疾病；通过呼吸道进入可导致肺损伤；食入可刺激胃肠黏膜导致胃肠道损伤及胃肠道疾病。

（二）过氧化钠安全注意事项

过氧化钠与有机物、易燃物如硫和磷等接触能引起燃烧，甚至爆炸；与水发生剧烈反应，产生高温，量大时能发生爆炸，威胁人身安全；毒性强，对皮肤和黏膜有强烈刺激性；过量暴露空气中，其粉尘对眼睛、皮肤和黏膜刺激较强；溶于水能分解成过氧化氢，因此具有过氧化氢的毒性。

（三）硝酸铵安全注意事项

硝酸铵混入有机杂质时，爆炸危险性能明显增加，与磷和还原剂相混还有引起燃烧爆炸的危险，威胁人身安全。对呼吸道、眼及皮肤有刺激性，人接触后可出现恶心、呕吐、头痛、虚弱、无力和虚脱等症状。大量接触可引起高铁血红蛋白血症，影响血液的携氧能力，出现紫绀、头痛、头晕和虚脱等症状，甚至死亡。

（四）氯酸钾安全注意事项

氯酸钾与有机物、还原剂和易燃物如硫、磷、碳及铵的化合物、氧化物和金属粉末等相混合，稍经摩擦或撞击，即有引起燃烧爆炸的危险，威胁人身安全；有毒：吸收量多时，出现头沉、头痛、头晕、倦怠感、疲劳感、面色苍白、发绀和尿着色等症状。

（五）次氯酸钙安全注意事项

次氯酸钙遇潮湿空气或水分能产生氧气并放热。与有机物和油类反应会引起发热燃烧，与碱性物质混合能引起爆炸。与铁、锰、钴和镍等粉末混合成爆炸性混合物，威胁人身安全。长时间大剂量接触对人体有害。部分发达国家已淘汰次氯酸盐消毒剂。

（六）过氧乙酸安全注意事项

纯的过氧乙酸极不稳定，在20℃，浓度大于45%时具有爆炸性。有金属离子存在，或与还原剂、有机物和可燃物接触，有引起燃烧爆炸的危险，威胁人身安全。有毒，过氧乙酸对眼睛、皮肤、黏膜和上呼吸道有强烈刺激作用。吸入后，可引起喉、支气管的炎症、水肿、痉挛，以及化学性肺炎和肺水肿。

若皮肤接触，应立即用大量的水进行冲洗，至少冲洗15min，若出现红肿和疼痛等症状，应立即就医。若眼部接触，应立即用大量温水冲洗20min以上，如仍有异物感或灼热感，应立即就医。若不慎吞食，请立即饮用大量水，并紧急就医。

第八节　药剂投加设备

一、加药计量泵

加药计量泵是一种可以精确控制流量的容积式泵。它主要通过改变泵的冲程长度（活塞或隔膜移动的距离）和频率（单位时间内的冲程次数）来调节流量。例如，机械隔膜计量泵，在电机驱动下，传动部件使隔膜在泵腔内往复运动；当隔膜向后拉时，进口单向阀打开，液体被吸入泵腔；当隔膜向前推时，进口单向阀关闭，出口单向阀打开，液体被排出泵腔。通过调节冲程，能够精确控制每次排出液体的体积，从而实现精准加药。

高精度的流量控制是计量泵最显著的优势，这使得它在需要精确控制药剂投加量的场合非常适用，如在污水处理中，精确的药剂投加可以确保水质处理效果达到最佳，同时避免药剂浪费和因过量投加可能导致的二次污染。计量泵还可以适应不同的药剂黏度和化学性质，只要选择合适的泵头材料，就能输送腐蚀性、含颗粒等多种类型的药剂。

常用的加药泵有隔膜计量泵、离心泵和蠕动泵。

(一)隔膜计量泵

特点：能够精确控制流量。它通过调节冲程长度和频率来改变流量。隔膜计量泵有机械隔膜计量泵、液压隔膜计量泵等多种类型。机械隔膜计量泵结构相对简单，价格较低，但压力和流量范围相对较窄；液压隔膜计量泵能承受更高的压力，流量调节范围更宽，能满足高精度、高压力的应用需求。

适用情况：在油田生产环节，若需精确控制化学药剂(如阻垢剂、缓蚀剂等)投加量，可选用隔膜计量泵。例如油井注水时，采用隔膜计量泵精准投加阻垢剂，保障了防垢效果，避免了药剂浪费。在深层油井注水等需高压力投加药剂的场景，可采用液压隔膜计量泵，因其具有的承受高压力且流量调节范围宽的特点，能够满足高精度、高压力投加要求。

(二)离心泵

特点：流量大、扬程范围广。它通过叶轮旋转产生离心力来输送液体。其优点是结构简单、操作方便、维修容易，而且价格相对较低。但是离心泵的流量受出口压力影响较大，在低流量时可能会出现不稳定的情况。

适用情况：油田集输系统输送大量原油、采出水等工作介质时，离心泵凭借大流量和广扬程范围优势，可高效将流体输送至相应站点或设施。如汇集多油井原油至联合站时，离心泵靠叶轮旋转产生离心力完成输送任务。此外，若油田局部输送环节对设备成本控制要求高，且对流量、压力稳定性要求不苛刻，可采用离心泵。

(三)蠕动泵

特点：通过滚轮挤压软管来输送液体的。它的优点是能够输送含有固体颗粒、腐蚀性等各种性质的液体，而且对液体的剪切力较小，不会破坏液体中的成分。其流量精度也比较高，通过调节滚轮的转速来控制流量。

适用情况：输送特殊性质介质时，可选用蠕动泵，如输送含油泥颗粒采出水或酸性解堵剂。当输送含敏感成分液体(如生物制剂驱油剂)时，蠕动泵是理想的选择，因为其对液体剪切力小，能保证成分活性。

二、加药搅拌机

加药搅拌机主要由电机、搅拌轴和搅拌桨叶组成。电机驱动搅拌轴旋转，搅拌桨叶随之转动，在药箱或反应池中对药剂进行搅拌。其搅拌作用是通过桨叶对液体的剪切力和循环流来实现的。例如，在一个溶解固体药剂的药箱中，搅拌桨叶旋转时，会在液体中形成轴向流和径向流，将固体药剂颗粒分散在液体中，加快药剂的溶解。同时，搅拌产生的剪切力可以使药剂分子更好地混合，提高药剂的均匀性。

能够确保药剂在液体中均匀混合，提高药剂的使用效率。对于一些容易沉淀或分层的药剂，搅拌机可以有效防止这种情况发生。它还可以根据药剂的特性及容器的形状，选择不同类型的搅拌桨叶，如桨式、涡轮式、推进式等，以达到最佳的搅拌效果。同时，加药搅拌机的操作简单，一般可以通过调节电机转速来控制搅拌强度。

三、加药箱(溶药箱)

加药箱是用于储存和溶解(或稀释)药剂的容器。其作用是为药剂提供一个稳定的储存环境，并且方便药剂的调配。对于固体药剂，加药箱可以容纳药剂和溶剂，通过搅拌或自然溶解的方式使药剂溶解在溶剂中，形成一定浓度的溶液，以便后续的加药操作。对于液体药剂，加药箱可以起到暂存和缓冲的作用。除此之外，有的加药箱还带有液位计，可以实时监测药剂的液位。

加药箱通常采用耐腐蚀材料制成，如聚乙烯、玻璃钢等，使其能够耐受各种腐蚀化学药剂。其容量从几升到几千升不等，可以根据实际需求进行选择。具有良好的密封性，能够防止药剂泄漏和外界杂质进入。加药箱的形状多样，有方形、圆形等，便于安装和布局在不同的加药场所。

四、自动加药装置

自动加药装置是一种集成了多种功能的智能化设备。它通常包括控制器、加药泵、药箱、液位计、流量计等部件。控制器根据预设的参数(如加药时间、加药浓度、流量等)来控制加药泵的工作。例如，在一个自动的污水处理加药系统中，控制器通过接收来自水质监测传感器的信号，分析水质情况，然后根据预先设定的加药算法，计算出所需的药剂投加量。接着，控制器控制加药计量泵按照计算出的流量和时间进行药剂投加，同时，液位计可以实时监测药箱内药剂的液位，当液位过低时发出警报；流量计可以反馈加药流量信息，确保加药的准确性。

自动加药装置最大的特点是自动化程度高，能够减少人工操作误差，提高加药的准确性和稳定性。它可以根据实际情况实时调整加药策略，适应不同的工况。此外，自动加药装置可以实现远程监控和数据记录，方便操作人员对加药过程进行管理和分析。对于一些大型的、复杂的加药系统，如城市污水处理厂的多个处理单元的加药控制，具有非常高的实用价值。

自动加药装置适用于对加药精度、稳定性和自动化程度要求较高的场合。如大型工业企业的循环冷却水系统、城市污水处理厂、大型化工生产装置等。

五、管道混合器

管道混合器是一种安装在管道上的静态混合设备。它主要利用管道内流体的流动能量，通过特殊的内部结构(如螺旋叶片、交叉挡板等)使两种或多种流体进行混合。例如，在将阻垢剂和水进行混合的过程中，药剂和水在管道混合器中流动时，会被内部的混合元件反复分割、旋转和重新组合，从而实现药剂和水的快速、均匀混合。这种混合方式不需要外部动力，仅依靠流体自身的能量。

管道混合器结构简单、安装方便，不需要额外的动力设备，节省了能源和设备成本。它能够在短时间内实现高效的混合效果。管道混合器占用空间小，适合在空间有限的管道系统中使用，而且可以根据不同的流量和混合要求，选择不同型号和规格的管道混合器。

第七章　自动化控制技术

随着计算机与自动化控制技术的快速发展，以及各类快速检测设备的不断改进，现代先进控制技术在油田采出水处理中的应用日益广泛。这不仅为采出水处理系统的高效分离、稳定运行和低能耗提供了有力支撑，更重要的是实现了处理设施的智能化运行和无人值守，有效解决了油田分散、环境恶劣等现场管理难题，推动了采出水处理工艺的技术进步。

将成熟的自动化控制技术和计算机技术应用于采出水处理领域，通过对处理全流程的实时监测和精准控制，构建完整的数字化监控管理系统，实现了系统运行参数的优化和运行成本的降低。特别是在采出水处理工艺的核心环节，形成了以加药自动化、排污自动化和过滤反冲洗自动化为代表的三大关键应用场景，这些自动化系统通过精确的参数监测和智能的过程控制，不仅保证了出水指标的稳定达标，而且实现了少人或无人值守运行，为采出水处理工艺的提质增效提供了有力保障。

第一节　自动化控制的原理

自动化控制是一种以控制系统代替人工操作的技术手段，其核心目标在于实现生产过程的自动调节与智能管理。在油田采出水处理工艺中，自动化控制系统主要通过以下环节实现其功能：首先，利用各类监测仪表采集关键工艺参数；其次，通过可编程逻辑控制器(PLC)依据预设的控制算法进行数据分析与决策生成；最后，将处理结果转化为电信号，对现场设备的运行状态(如运行频率、启停等)进行精确调节。

在具备反馈功能的高级自动化系统中，控制器能够基于实时处理的参数，自适应地优化控制策略，从而实现更为智能化的过程调控。同时，系统采用标准化的工业通信协议，将各类运行数据和控制信息实时传输至远程值班室或中央控制室，确保操作人员能够进行及时的监控和必要的远程干预。

这种自动化控制模式不仅提高了生产效率，也为工艺过程的安全性和稳定性提供了可靠保障。

一、自动化控制的技术原理

(一)监测仪表

监测仪表是自动化控制系统的感知层，主要包括油田采出水处理过程中的液位计、压力计、流量计等水质在线监测仪表。这些仪表能够实时监测处理单元的运行状态，为工艺过程控制提供准确的参数信息。

（二）PLC

PLC 是系统的核心部件，采用模块化设计，包含 CPU 模块、模拟量输入输出模块、数字量输入输出模块等。在反馈调节方面，PLC 通过采集处理单元的实时数据，执行 PID 控制算法，自动调节工艺参数。

（三）通信协议

系统一般采用工业标准通信协议，构建多层级通信网络。现场设备层可以实现 PLC 与变频器、智能仪表等设备的高速通信；控制层采用工业以太网，连接多台 PLC 和中央控制室的上位机系统。通信系统采用冗余设计，主备通道自动切换，保证数据传输的可靠性。同时，系统配备工业级交换机和光纤通信设备，提高抗干扰能力，适应油田现场的复杂环境。

（四）手动自动控制

系统设置自动运行和手动操作两种模式，并可根据需要灵活切换。在自动模式下，系统严格按照预设的工艺参数运行，执行闭环控制策略；在手动模式下，操作人员可通过控制室的操作站或现场控制柜进行设备调节。

现场手动操作应具有比分布控制站和中央控制室更高的优先权，只有将状态选择开关切换至自动状态，远程控制程序才能起作用。所以在进行自动控制调试前，首先要完成现场各控制柜的调试，在保证现场设备安全的前提下才能进行远程控制。

系统设置多重联锁保护，如设备启动顺序联锁、工艺参数联锁等，防止误操作造成的设备损坏。此外，还设置紧急停止功能，在发生突发事故时，确保系统快速、安全停机。

二、自动化控制的流程

（一）监测过程

监测过程是自动化控制的基础，系统通过分布在各处理单元的监测仪表，全面采集工艺参数。包括进水流量、压力、油水界面、含油浓度等关键指标，以及设备运行状态等信息。

（二）决策过程

控制系统基于采集的工艺参数，执行复杂的控制策略。首先，系统将实测值与设定值进行比较，计算偏差；然后，根据控制算法生成相应的控制指令。例如，当检测到进水水量变化时，系统自动调整各处理单元的运行参数，包括加药量、分离时间等，保持处理效果的稳定性。

在现代自动化控制系统中，智能参数调控技术的应用日趋成熟，其核心策略包括反馈控制和前馈控制两种方式。这两种控制方式各具特点，往往需要结合使用才能实现最优的控制效果。

反馈控制是一种基于偏差校正的控制方式。其工作原理是系统持续比对实际输出与预期目标之间的偏差，并根据偏差的性质和大小，通过控制算法生成修正信号，从而对下一次控制决策进行优化调整，最终形成闭环控制以不断逼近预期目标。这种控制方式具有较强的通用性和抗干扰能力，但由于其滞后性特征，控制精度会受到系统惯性的影响。

前馈控制则是一种建立在大数据分析和机器学习基础之上的智能控制方式。该方式通过对历史运行数据进行深度学习，构建预测模型，能够在扰动发生之前做出控制决策，具有显著的预见性和主动性特征。前馈控制的理论精度较高，但其效果很大程度上依赖于模型的准确性，同时也需要充分的历史数据支持。两种控制的特点与区别见表 7 – 1。

表 7 – 1　反馈控制和前馈控制的区别

特点	反馈控制	前馈控制
控制时机	偏差发生后	偏差发生前
响应特性	滞后性	预见性
适用条件	通用性强	需要充分的历史数据
控制精度	受系统惯性影响	理论精度较高
抗干扰能力	强	依赖模型准确性

在实际应用中，通常采用前馈 – 反馈复合控制策略，充分发挥两种控制方式的优势。前馈控制提供快速的预测响应，而反馈控制则补偿模型误差和外部干扰，两种控制方式的协同作用显著提高了系统的控制品质。随着人工智能技术的发展，基于深度学习的智能控制算法不断涌现，使得控制系统在适应性、健壮性和优化能力等方面都得到显著提升，为工业过程的智能化、精确化控制提供了强有力的技术支撑。

（三）报警过程

系统建立完善的分级报警机制，对工艺参数超限、设备故障等异常情况进行及时报警。报警分为提示、警告、报警三个等级，采用不同的声光信号进行区分。当发生报警时，系统自动记录报警类型、时间和相关参数，并在操作界面突出显示。对于严重异常情况，系统自动执行保护程序，如关闭进水阀门、停止加药等，防止事故扩大。

（四）信号传输过程

信号传输采用分层分布式架构，确保控制指令和运行数据的可靠传递。现场控制层由多台 PLC 构成控制网络，执行基本的控制功能；中央控制室配置冗余服务器和操作员站，负责全局监控和管理。各层级之间通过高速通信网络保持数据交互，实现信息共享。系统采用先进的网络安全技术，如防火墙、加密传输等，保护控制其免受外部干扰和攻击。此外，系统支持远程监控功能，管理人员可通过移动终端随时了解装置运行状况。

图 7 – 1 展示了油田采出水自动化控制流程的结构示意图。通过科学的自动化控制系统设计，油田采出水处理实现了工艺过程的智能化管理。系统不仅提高了处理效率和运行

可靠性，还实现了无人值守运行，大幅降低了运行成本。同时，系统积累的运行数据为工艺优化和管理决策提供了重要依据，推动了油田水处理技术的持续进步。

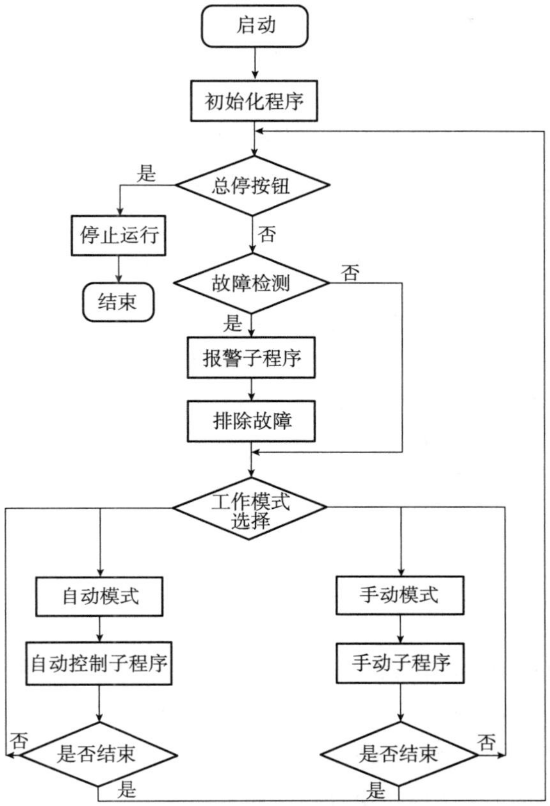

图 7-1 油田采出水自动化控制流程示意图

第二节 自动化控制的应用

目前，自动化控制在油田采出水处理中的应用十分广泛，对于确定的工艺流程，自动化控制有着全天候在线、精准控制、定时定量等优势，为油田的水处理提供了有力保障。下面从应用最广泛的几个场景来介绍。

一、加药自动化

(一) 计量过程

在污水处理站生产运行过程中，需要测量污水的流量，以便为生产操作和控制提供依据。同时，为了进行量化管理和经济核算，需要知道一段时间内总的污水流量。所以流量测量是实现优质、高效和安全生产以及科学管理必不可少的手段。

流量计量仪表种类繁多，大致可分为速度式(如差压式流量计、转子流量计、电磁流量计和涡轮流量计等)、容积式(如腰轮式流量计和椭圆齿轮流量计等)、质量式(如质量流量计)等。

由于油田采出水的特殊性(含油、含泥沙、有腐蚀性),所以污水流量计的选择必须满足耐腐蚀、耐磨损和耐溶胀的要求,通常采用较多的是孔板流量计和电磁流量计。

1. 孔板流量计

孔板流量计是一种差压式流量计,其工作原理基于节流效应,利用流体流经节流装置时产生的压力差而实现流量测量。它是目前生产中测量流体流量最成熟、最常用的计量仪表之一。

当流体在有节流装置的管道中流动时,在节流装置前后的管壁处,流体的静压力会产生差异,称为节流现象。节流现象的产生是因为在管道中流动的流体具有两种形式的能量,即静压能和动能。流体由于具有压力而具有静压能,又由于流动速度而具有动能。根据能量守恒定律,在没有外加能量的情况下,流体所具有的静压能和动能之和是不变的。但是在一定条件下两种形式的能量又能互相转化,因此在流体的静压差和流体的流量之间存在着某种关系。

常用的节流装置有孔板、喷嘴和文丘里管等。孔板因具有结构简单、加工精度高等特点,应用范围最广。

2. 电磁流量计

电磁流量计测量的基础是法拉第电磁感应定律。电磁流量计的内部没有任何阻流件,因此不怕磨损和油污,流量计内部可以采用耐腐蚀的涂层或衬里,因此具有耐腐蚀性。

电磁流量计具有较宽的流量测量范围,通常可以达到1:20的量程比。由于污水中含有杂质,易形成沉淀,所以在选择流量计口径时,在量程范围内应选用较小的口径,这样可以获得较大的流速,使污水不容易沉淀和结垢。通常流速不应小于2m/s。

电磁流量计是通过感生电势来测量流量的,测量的感生电势信号很小(在毫伏的范围内),容易受到干扰。因此在使用中必须避免环境中有强烈的电磁场和干扰源,并且应严格接地,避免形成接地电流。

(二)加药过程

加药过程采用的控制方式有很多种,既有依靠经验的手工调节,也有使用工业控制计算机通过程序计算来控制加药量的自动调节方式。自动调节又分为根据流量控制、根据pH值控制及根据流量和pH值两个参数控制等几种控制方法。

1. 根据流量控制

根据流量控制加药量的控制原理如图7-2所示。这种调节系统被称为比值调节系统,即从变量根据主变量的变化而变化,使从变量与主变量保持一定比例的控制方式;也就是使加药量与污水的流量保持一定的比例。加药量与污水流量之间的比例因子由化验和经验确定,并由手工设定。这种控制的缺点是无法克服因来水的水质发生变化引起的误差。所以控制的精度不尽如人意。

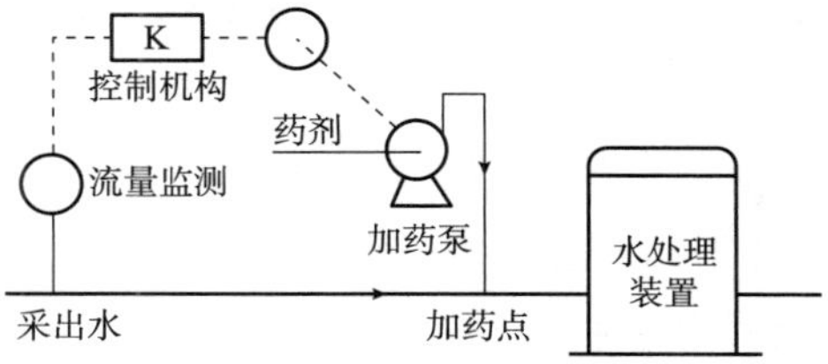

图 7－2 流量控制加药量原理图

2. 根据 pH 值控制

根据 pH 值控制加药量的控制原理如图 7－3 所示。

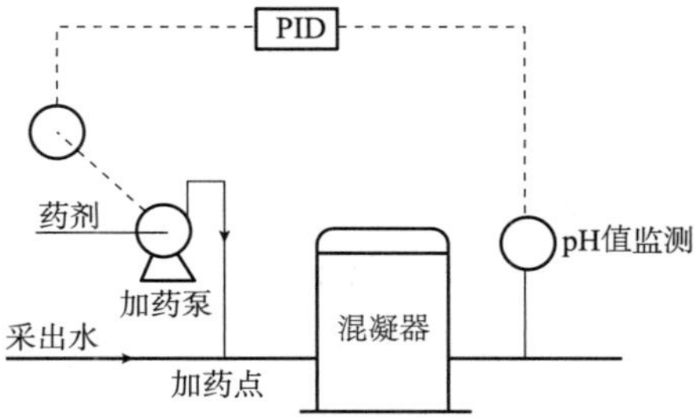

图 7－3 pH 值控制加药量原理图

这是一个典型的闭环 PID 调节回路，被控对象为加药后污水的 pH 值，通过 pH 计将加药后污水的 pH 值检测出来，并作为反馈信号送到计算机系统中与预先设定的 pH 值进行比较，如果两者存在差别，则由计算机程序根据 PID 控制算法调节输出量，控制加药泵的转速，从而控制加药量，使加药后污水的 pH 值达到设定的 pH 值。这种调节方式中，由于使用了闭环调节回路，所以系统的抗干扰性较好，控制精度较高。但是，由于处理流程的特点，药剂加入后需在混凝器中充分反应才达到 pH 值测量点，从药剂的加入到 pH 值的测量之间有较大的滞后环节，所以在来水水量和水质波动较大较快的情况下，PID 控制回路无法控制，从而造成水质的波动。

3. 根据流量和 pH 值两个参数控制

为了克服上述两种控制方式的缺点，部分油田采出水处理系统的工程技术人员曾经做了大量的实验和分析，采用了由流量和 pH 值两个参数共同控制的控制方案，取得了很好的效果。控制系统图如图 7－4 所示。

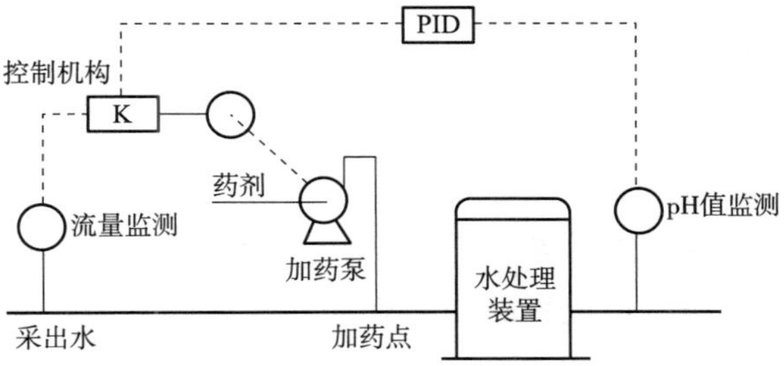

图 7－4 流量和 pH 值控制加药量原理图

以上的控制方案中设有流量计检测来水流量，并设有 pH 计检测处理后污水的 pH 值。

随着人工智能和大数据技术的迅猛发展，其在工业过程决策层的应用日益深入。特别是在智能加药系统中，通过时间序列算法对各站点的多维历史数据进行实时建模和分析，实现了加药过程的精细化智能控制。这种基于数据驱动的决策方法，突破了传统经验控制的局限，为工艺过程优化提供了新的技术路径。

在具体实施过程中，模型的训练质量直接影响控制效果。为了确保模型能够快速收敛并具备良好的泛化能力，需要重点解决参数筛选这一关键问题。这是因为在复杂的处理过程中，并非所有工艺参数对加药量的影响都具有同等重要性。通过机理分析，筛选出对加药过程具有显著影响的关键参数，不仅能够提高模型的训练效率，还可以有效防止过拟合现象的发生。

然而，这种参数筛选过程涉及复杂的反应原理和反应动力学机制，需要深入研究各参数之间的耦合关系及其对加药效果的影响程度。这不仅需要数据学科的支持，更需要工程学科的理论指导。目前，这一领域仍存在诸多待解决的科学问题，需要学术界和工业界的持续探索与创新。未来，随着交叉学科研究的深入，相关理论和方法必将更加完善，为工业过程智能化控制提供更加可靠的技术支撑。

（三）故障处理

1. pH 值波动异常故障

当系统出现 pH 值忽高忽低、波动范围超出设定值时，首先应检查 pH 计探头是否存在污垢附着或钝化现象，可通过标准缓冲液进行校准；若探头正常，则需检查加药泵的计量精度，观察其膜片、单向阀是否磨损。同时，应考虑 PID 参数是否需要重新调整，因为不合适的参数会导致 pH 值波动异常。

2. 流量计量误差故障

当发现加药量与实际需求严重不符时，应首先检查流量计是否正常工作，包括检查流量计传感器的清洁程度、信号传输线路的完整性。如果发现流量计堵塞，需要及时清洗；若信号传输异常，则需要检修线路或更换信号转换器。

3. 加药泵失效故障

当加药泵出现输送异常时，需要检查以下几个方面：药液管路是否存在气阻或堵塞；泵的膜片是否完好；电机控制信号是否正常。如果是管路问题，可通过排气或清洗解决；若是机械故障，则需要更换相关部件。

4. 智能控制系统故障

当基于数据驱动的控制模型出现异常时，首先要检查数据采集是否准确，传感器数据是否存在偏差。如果发现模型预测结果与实际情况严重偏离，需要重新采集训练数据并优化模型参数。在处理过程中，可以暂时切换到手动模式或备用控制方案，确保系统正常运行。

二、排污自动化

(一)控制系统

随着电子技术的快速发展，工业控制计算机技术也越来越成熟，工业计算机控制较常规的单回路调节仪表控制的优点越来越明显，所以现在污水处理控制多采用计算机控制系统。生产过程的参数要进入计算机系统中处理，必须先转换成计算机能识别的数字信号，这个过程叫模/数转换，简称 A/D 转换。生产过程的参数经过转换后输入计算机中进行显示、记录，经过特定的控制算法的计算，得出相应的控制信号，并将该信号输出以控制执行机构动作，完成调节过程。计算机的输出数字信号也必须转换成执行机构能够识别的模拟量信号才能被正确执行。这个过程叫数/模转换，简称 D/A 转换。

工业计算机控制比常规仪表具有控制算法灵活多样，容易实现复杂控制，控制精度高，功能强等优点，正逐步取代常规仪表控制。

(二)控制阀门

常见的控制阀形式有闸阀、截止阀、球阀、蝶阀等，每种阀门具有不同的结构形式，因此也适用于不同的应用场合。在污水处理工程中大量采用的是蝶阀。

蝶阀又称翻板阀，属于角行程控制阀，转动范围为 0° ~90°。由阀体、挡板、挡板轴和轴封等部件组成，它结构较简单，因此价格便宜，使用寿命长并且容易制造较大的口径。蝶阀的阻力小，适用于大流量和带有悬浮物的流体。所以特别适用于污水处理。

蝶阀的密封形式分硬密封和软密封两种，软密封的密封效果好，泄漏量小，但是密封面容易磨损。硬密封的密封效果较软密封差，但是密封面不易磨损，使用寿命长，对于油田采出水这种特殊流体，常选用硬密封。

执行机构分为电动和气动两大类，电动执行器是以电力为能源，用电机驱动阀门，它的特点是安装使用简单，不需要压缩空气，但价格较高，转动力矩小。常用于没有气源的场合。气动执行器是以压缩空气为能源，用气缸或薄膜驱动阀门。它的特点是价格便宜，输出力矩大，不需电源，运行安全，适用于防爆场所。在有条件的污水处理站中大都采用气动执行器。

气缸式气动执行器的气源要求，气源压力为 0.4 ~0.6MPa。气源应为清洁、干燥的空气，不得含有腐蚀性气体、溶剂或其他液体。

(三)故障处理

1. 信号转换异常故障

当 A/D 或 D/A 转换出现异常时，整个控制系统的数据采集和指令执行将受到严重影响。处理这类故障时，首先需要系统性检查供电系统的稳定性，确认是否存在电压波动或接地不良的情况。随后应详细排查信号传输线路，重点关注接线端子的紧固程度和屏蔽层的接地效果。如果发现信号波动较大，则需要使用专业仪表对转换器进行重新校准。在校准过程中，应使用标准信号源进行多点校验，确保在整个量程范围内都能保持良好的线性关系。如果问题仍然存在，可能需要更换信号转换模块，更换时应注意新模块的规格参数必须与原系统匹配。

2. 蝶阀控制故障

蝶阀作为关键的执行机构，其故障处理需要特别谨慎。当发现密封泄漏问题时，需要首先确认泄漏的具体位置和程度。对于硬密封蝶阀，要仔细检查密封面的磨损情况，如发现划痕或不平整，可以采用专业的研磨工具进行修复。在研磨过程中，要注意保持力度均匀，避免过度研磨导致密封面变形。如果阀门出现卡死现象，通常需要组织停车检修。检修时要全面清理阀体内部的沉积物，并对轴承部位进行详细检查。同时要注意检查驱动装置的安装位置是否发生偏移，必要时进行重新定位和紧固。

3. 气动系统故障

气动系统的故障处理需要从气源开始逐级排查。当发现气源压力不稳定时，首先要检查空压机的运行状态，包括储气罐的压力、排水情况等。对于管路系统，要仔细检查每个接头的密封性，使用专业的检漏仪器可以快速定位泄漏点。当执行器动作出现异常时，需要重点检查气动过滤器的堵塞情况，必要时进行清洗或更换滤芯。对于定位精度差的问题，要着重检查气动定位器的工作状态，包括零点和量程的校准。在调试过程中，要注意观察阀门的动作特性，确保在全行程范围内都能平稳响应控制信号。

4. 控制计算机系统故障

控制计算机系统的故障处理需要专业的软硬件知识。当系统出现死机或运行异常时，首先保存重要数据，然后进行系统重启。如果问题频繁发生，则要检查系统日志，分析故障原因。对于数据采集异常，要重点检查通信接口的配置和驱动程序的版本是否正确。在处理控制算法失效问题时，需要仔细核对 PLC 程序的逻辑，特别是在修改程序后要进行充分的测试验证。同时，要定期对系统进行安全性评估，包括病毒防护和数据备份等工作。

三、过滤反冲洗自动化

(一) 控制系统

过滤反冲洗工艺过程与收油、排污过程的控制要求基本一样，所以采用同样的控制系统和控制阀门。只是过滤反冲洗工艺中的控制阀门较多，控制方式更加多样、灵活。

(二) 控制方式

压力滤罐工艺控制布置如图 7－5 所示。滤罐由过滤状态进入反冲洗状态以及从反冲洗状态回到过滤状态的过程中，需要控制滤罐上的 6 个阀门按照一定的顺序和规律打开和关闭。例如，一个滤罐反冲洗程序开始后，应先将过滤流程的进水阀和出水阀关闭，然后打开反冲洗进、出水阀，同时启动反冲洗泵，开始反冲洗；反冲洗过程完成后，应先关闭反冲洗流程的进、出水阀，再停止反冲洗泵。继而将排水阀和排气阀打开，使滤罐上部的污水排出，经过一定的时间后，将排水阀关闭，打开过滤罐进水阀补水，补水完成后关闭排气阀，打开过滤罐出水阀，使过滤流程返回到过滤状态。

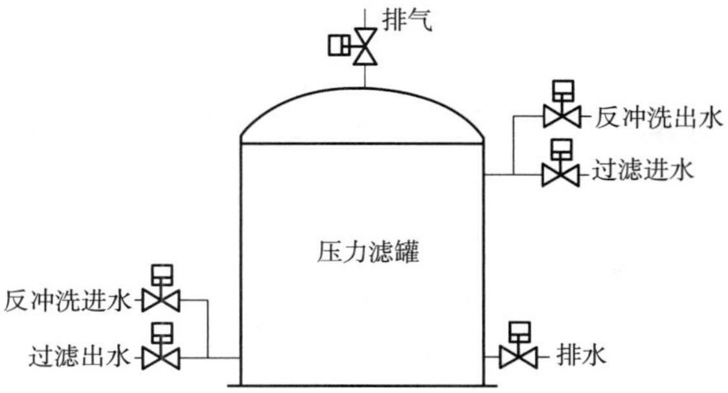

图 7－5　压力滤罐工艺控制布置

一般来说，污水处理站由若干座压力滤罐并联运行，反冲洗水流量是按一座罐来考虑的，即同时只能有一座滤罐进行反冲洗，所以实际运行中不仅要考虑一座罐上阀门的动作顺序，还要考虑所有压力滤罐的反冲洗顺序。

压力滤罐的控制方式较为复杂，分为自动控制、手动控制和差压控制。

1. 自动控制

自动控制是根据预先设定的时间间隔及控制顺序，自动完成所有操作，不需要操作人员的干预。例如设定每 8h 或 12h 进行一次反冲洗，只要在控制盘上将定时器设定为 8h 或 12h，并设定好要反冲洗的滤罐序号即可。

2. 手动控制

手动控制是在操作人员的干预下实现阀门控制操作的控制方式，这种控制方式允许操作人员根据具体情况，选择 1 个或几个罐进行特别处理。例如来水水质变化较大时，原来设定的时间间隔不能满足要求，可由操作人员手动选择相应的滤罐单独进行操作。操作人员只需要在控制柜上进行手动控制即可，现场阀门的动作仍然是自动完成的。

3. 差压控制

差压控制是针对滤罐配水构件和滤床级配差异而设定的一套保护性操作。由于各个滤罐的差异，使得经过日常的操作后个别滤罐由于各种原因不能达到很好的冲洗效果，随着过滤时间的延长，滤料的纳污堵塞程度会越来越严重，当滤料的堵塞差压达到一定的值后，该滤罐差压检测装置进行报警并由控制系统决策该滤罐是否进入自动反冲洗操作。

（三）故障处理

1. 阀门控制序列故障

当压力滤罐的 6 个阀门动作顺序出现混乱或执行不到位时，可能导致反冲洗效果不佳，甚至系统故障。处理此类问题时，首先需要仔细检查 PLC 程序中的阀门控制逻辑是否正确，确保每个阀门的开关时序符合工艺要求。对于执行机构，要重点检查限位开关的设定是否准确，必要时重新进行限位调整。同时要检查气动或电动执行机构的工作状态，确保其能够准确响应控制信号。如果发现某个阀门动作异常，需要在系统切换到手动模式后，对该阀门进行单独测试和维修。

2. 自动定时控制故障

自动控制模式下，定时器失效或定时不准确会严重影响反冲洗周期。对于这类问题，需要先验证控制系统的时钟是否准确，检查定时器的设置参数是否正确。如果发现系统时钟偏差较大，要及时进行校准。在排查过程中，要特别注意检查系统的供电稳定性，因为电源波动可能导致定时器复位或工作异常。同时，要定期备份定时参数，以便在系统出现异常时能够快速恢复正常运行状态。

3. 差压控制系统故障

差压控制作为系统的重要保护措施，其故障可能导致滤料深度污染。当差压报警系统失效时，先要检查差压传感器的工作状态，确认其安装位置是否正确，测量管路是否堵塞。对于差压信号的传输线路，要仔细检查是否存在干扰或断线现象。在校准差压检测装置时，要注意选择合适的量程，并定期对检测点进行清理，防止沉积物影响测量精度。如果发现报警值设定不合理，需要根据实际运行经验进行适当调整。

4. 反冲洗泵系统故障

反冲洗泵的运行状态直接影响反冲洗效果。当发现反冲洗效果不理想时，需要重点检查反冲洗泵的运行参数，包括泵的流量、压力是否达到设计要求。如果泵的性能下降，要检查叶轮是否磨损、轴承是否正常。对于泵的启停控制，要确保与阀门动作序列配合准确，避免空转或气蚀现象。同时要注意检查泵的密封系统，防止发生泄漏。

第八章　新工艺与新技术

伴随着油田开发进程的不断推进，油田采出水水量以及复杂程度逐渐增加。为应对这些难题，须探索适用于油田采出水处理的新技术与新工艺，以提高采出水处理效率。

第一节　磁混凝工艺

一、磁混凝技术简介

磁混凝是一种高效、占地面积小、能耗低的采出水处理技术，已逐渐成为采出水预处理或深度处理的主流选择。磁混凝沉淀技术是在传统混凝技术的基础上，通过添加磁介质，使磁介质与污染物和混凝剂等相结合，形成磁性复合体。然后利用磁分离装置和磁性复合体自身沉降快、比重大的特点，提高固液分离速率，从而去除污染物。

磁混凝高效沉淀池工艺特点如下：表面负荷较大，介于 20～40m^3/(m^2·h)；停留时间比较短，小于 20min；出水浊度小于 1.0NTU，悬浮固体(SS)小于 5.0mg/L；COD_{Cr}去除率显著高于常规混凝沉淀；除磷效果优异，出水总磷(TP)小于 0.5mg/L；占地面积小，抗冲击负荷能力强。

磁混凝技术相较于传统混凝技术，具有显著的优势。传统混凝沉淀工艺的停留时间较长且占地面积大，而磁混凝工艺则大大缩短了混凝沉淀时间，通常在 15min 以下，甚至能在 7min 内完成。这使得该工艺所需的设备体积较小，占地面积仅为常规工艺的 1/10，极大地节省了空间。此外，磁混凝技术由于其高速沉淀性能和全流程密闭运作模式，还具有处理速度快、效率高的特点。它能够高效去除多种污染物，如悬浮固体、化学需氧量和总磷等。这些优势使得磁混凝技术成为一种更为高效和紧凑的水处理解决方案。

未来，随着土地资源的日益紧张和环境污染问题的加剧，磁混凝技术将得到更广泛的应用。尤其是在城市污水处理、工业废水处理、公共水域净化等领域，该技术将发挥重要作用。同时，继续加强技术研发和创新，吸收国际先进经验，也将对中国磁混凝技术的发展起到积极的推动作用。

二、磁混凝沉淀技术核心与优势

(一)技术核心

1. *磁介质的种类*

磁混凝沉淀池中，磁介质的种类扮演着至关重要的角色，主要包括铁粉、磁性氧化铁等。不同种类的磁介质因颗粒大小、有效物质含量等性能差异，对混凝效果产生不同程度的影响。鉴于磁介质在搅拌、分离和回收过程中可能存在损耗，技术人员需根据实际情况谨慎选择磁介质。

2. *磁介质的回收*

在磁混凝沉淀技术中，对磁介质的回收与再利用是至关重要的一环。这一过程不仅实现了资源的循环使用，而且降低了采出水处理的成本，并降低了磁介质混合物带来的环境污染风险。此外，它还为污泥进入脱水阶段提供了便利条件。

当前广泛采用的方法是将剩余污泥经由磁泥泵输送到高速剪切机内进行破碎处理。该设备内部设计独特，能够产生强烈的剪切力，有效地将絮状物中的磁颗粒释放出来，恢复其自由状态以便于后续步骤的操作。随后，这些分散开来的磁性粒子随水流进入磁选分离装置。在此过程中，固定不动的磁铁会吸附经过其附近的磁性物质，并将其附着于旋转圆筒表面；当圆筒转动时，磁性物质会被运送至边缘处较弱磁场区域，并最终从专门设置的出口排出。与此同时，非磁性物质则依靠自身重量沿着特定路径离开系统，完成了磁介质的有效回收。磁分离原理见图 8－1。

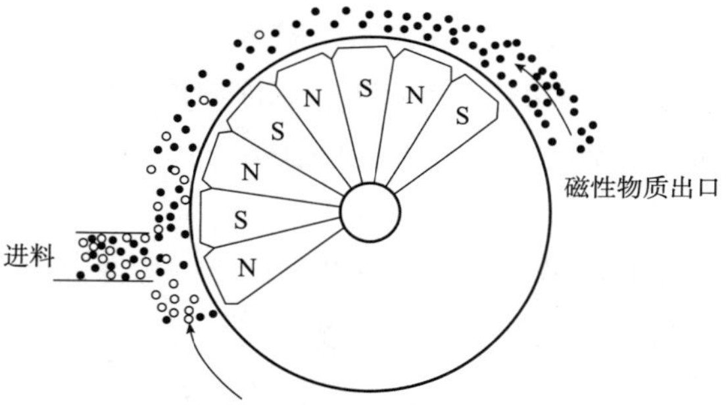

图 8－1　磁分离原理

(二)技术优势

1. *运营成本低*

磁混凝工艺所需投加的药剂量较少，主要包括用于调节进水 pH 值的碱液、兼具混凝与除磷功能的聚合氯化铝(PAC)、促进絮凝作用的聚丙烯酰胺(PAM)以及磁性介质。与传统混凝沉淀技术相比，该工艺能够节约 15% ~25% 的化学药剂用量。具体的预期投加量见表 8－1。

表 8－1　药剂预期投加量

序号	名称	设计投加量/(g/m^3)
1	碱(根据进水 pH 值投加)	0～50
2	PAC	8～50
3	PAM	0.5～1.5
4	磁介质	1～5

2. 磁介质损耗低

磁混凝沉淀技术采用的投加物为磁介质，相较于砂砾在加砂沉淀技术中的应用，磁介质的比重明显更高，达到了 5.1，而砂砾的比重则处于 2.6～3.1。此外，磁介质的目数更大，这有助于减少对后续设备的磨损。通过配备的磁介质回收系统，大部分磁介质可以被回收并循环利用，从而降低了损耗量。

3. 效率高、负载大

由于磁混凝沉淀池具有高浓度和大密度的絮状体、高的沉淀速率以及更为稳定的污泥层，使其能够承受较高的冲击负荷，在大水量或高污染的情况下依然可以稳定运作。传统的混凝沉淀池沉淀时间大约在 1h，而采用磁混凝工艺后，沉淀时间仅需约 15min，甚至在 8min 内即可完成，处理速度更快。

4. 投资成本低

磁混凝工艺主要通过絮体与磁介质微粒的结合，有效提升絮状体的密度。相较于传统的絮状体，其密度仅为 1.15g/cm^3，磁介质絮状体的密度高达 2.60g/cm^3，使得前者的沉淀速率是后者的 4～8 倍。这一特性显著降低了水力停留时间，从而减少了絮凝反应沉淀池所需的占地面积；采用磁混凝高效沉淀池时，占地面积仅为 80～120m^2/万 m^3。这不仅大大减少了土建工程量，而且缩短了开发周期，节约了建设成本。三种常见沉淀池工艺效果对比见表 8－2。

表 8－2　三种常见沉淀池工艺效果对比

指标	高密度沉淀池	加砂高效沉淀池	磁混凝高效沉淀池
表面负荷/[m^3/(m^2 · h)]	10～12	10～20	20～40
总停留时间/min	35～50	25～35	20～30
出水 SS/(mg/L)	<10	<8	<5
出水 TP/(mg/L)	无机 TP<0.5	无机 TP<0.5	无机 TP<0.2
耐水质冲击	好	好	极好
加药除磷能力	好	好	极好
污泥回流量/%	1～5	3～6	4～8
造价(5 万 m^3/d)/(元/m^3)	180～200	200～220	180～200
用于一级 A 提标	需过滤，因出水 SS 高滤布有堵塞	建议后续过滤	无须过滤

三、磁混凝沉淀技术的工艺流程

一般磁混凝沉淀系统由混凝装置、沉淀装置、磁介质分离回收装置以及检测控制装置组成。磁混凝沉淀技术的工艺流程如图 8－2 所示。

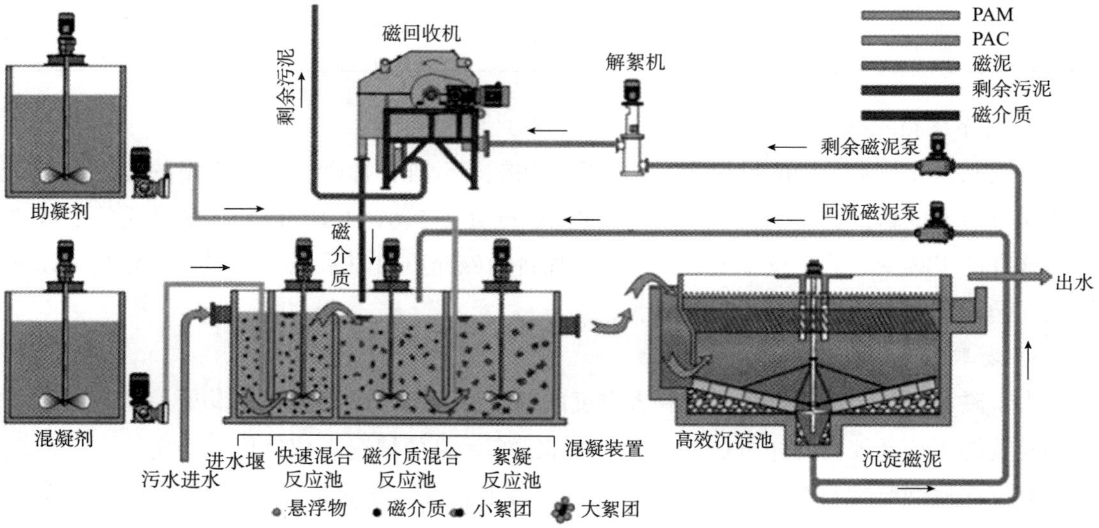

图 8－2　磁混凝沉淀技术工艺流程

（一）磁混凝沉淀技术工艺介绍

磁混凝装置由快速混合反应池、磁介质混合反应池和絮凝反应池三部分组成。采出水首先进入快速混合反应池，在此过程中添加了 PAC 作为混凝剂，并通过快速搅拌使其与采出水迅速混合。随后，混合物流入磁介质混合反应池，在该阶段引入磁介质，同样通过快速搅拌确保充分结合。接着，采出水继续前进至絮凝反应池，在这里加入助凝剂并进行适当搅拌以促进磁介质之间的絮凝作用；值得注意的是，在步骤中应减缓搅拌速度，以防止因过快搅拌导致形成的絮凝体被破坏，从而影响整体处理效果。

经过上述处理后的采出水会进入沉淀池，通常采用上向流斜板设计，实现固液分离。整个沉淀系统包含有沉淀区、污泥浓缩区、清水区、配水区及缓冲区等多个功能区域。其中较大的絮团能够快速沉降于底部；而那些较轻或者较小颗粒则会沿着倾斜表面向上移动，在自身重力以及水流上升的速度共同作用下实现自清洁机制——所谓的“自刮”现象，这有助于进一步提高去除效率并减少维护工作量。最终沉积下来的含磁性物质的污泥将被专门设备回收利用，同时清澈透明的上层液体则被收集起来送往后续工序继续净化。

（二）磁混凝沉淀技术的系统组成

1. 药剂添加系统

药剂添加系统主要包括 PAM 药剂添加系统、PAC 药剂添加系统以及碱液添加系统。药剂添加系统通常由药剂罐、搅拌机、计量泵及电子控制系统构成。鉴于出水水质存在不确定性，药剂添加设备必须能够依据进水水质的变化进行即时调整，因此推荐使用变频调速控制技术来根据实际需求(如出水质量、进水量和絮凝效果)动态调整计量泵的流量。

2. 混合絮凝系统

混合絮凝系统设计中包含了水流停滞的环节。该系统主要由四部分构成：第一部分是水体酸碱调节池，通过注入碱性溶液调整 pH 值至 7～7.5 的偏碱性状态；第二部分是 PAC 反应混合池，在此加入 PAC 药剂促使采出水与混凝剂初步结合形成较小的絮状物，并同时实现化学除磷；第三部分是磁介质混合池，其中磁介质与前一步骤产生的较小絮状体混合；第四部分是 PAM 混合池，PAM 在此与更细小的絮状体充分混合，进一步促进絮凝作用，为后续沉淀过程创造条件。

混合絮凝系统中的核心设备为搅拌机，分为桨式和旋流式两种类型。桨式搅拌机作为快速搅拌装置，通常安装在 PAC 混合池内，其功能是迅速分散新加入的 PAC 混凝剂，确保其与池中水体均匀混合，有助于形成较小的絮状结构。此外，在磁介质混合池中也需要配备一台搅拌机，用于高效地将含磁介质的污泥与磁介质本身快速融合，从而提高絮状体的质量和成型速度。而旋流式搅拌机则属于慢速搅拌设备，一般设置于 PAM 混合池中，其主要任务是在不破坏已形成的絮状体的前提下，保证 PAM 药剂与其充分接触，增强矾花的整体密度和均匀性。

3. 沉淀系统

沉淀系统的核心功能是将絮凝物与液体分离，使絮凝物在预沉区迅速沉降。较小的絮状物质会随水流上升，最终流向清水收集区。在这个过程中，这些细小的絮状物质会相互碰撞并最终沉积到池底。池底的淤泥通过刮泥机回收，其中一部分被排出并用于回流，而另一部分则被送往淤泥收集池进一步处理。

沉淀系统通常由斜板(管)、刮泥机和集水槽组成。斜板(管)能够增加沉淀区的面积，缩短沉降距离，从而提高微粒去除率。同时，在斜板(管)中还可以使絮状体进一步扩大，加快其沉淀过程，确保未沉淀的絮体也能沉积下来。集水槽的功能是收集上层清液，水槽两侧设有挡板以调节出水高度，从而控制水流时间和压力。刮泥机主要用于收集沉淀池底部的污泥。为了适应含有磁性污泥的环境并保持长期稳定运行，刮泥机的底部材料应选择 304 不锈钢并进行钝化处理。

4. 磁介质污泥分离回收系统

磁介质污泥分离回收系统一般包括剩余污泥泵、回流污泥泵、高速剪切机、污泥螺杆泵以及磁分离装置等部件。其中，磁分离装置配合高速剪切机能高效回收磁介质材料。将含有磁介质成分的污泥通过专门的磁分离装置进行处理，这不仅减少了对环境的影响，还使磁介质得以重复使用，降低了采出水处理成本。

四、磁混凝－磁分离技术优化

磁混凝－磁分离技术，作为水处理领域的关键手段，已在工程实践中得到了广泛的运用。然而，实际运作揭示出该技术的一些局限：尽管其能够高效地分离非溶解性物质，但对于溶解性的 COD、氨氧化物、苯类及酚类等难降解物质的去除效果却相对有限；此外，对 TP 的去除过于依赖混凝剂中的铝盐和铁盐的作用。因此，迫切需要研发强化型磁混凝技术，旨在提升对溶解性污染物的去除能力，同时降低工艺占地面积与药剂运行成本，以增强工艺对复杂水质变化的适应性。

(一)新磁介质与磁介质改性开发

磁介质材料不仅包括常见的 Fe_3O_4 和铁磁性材料，新型磁介质材料如磁性生物炭、改性粉煤灰及电弧炉粉也在研究和应用中。例如，使用电弧炉粉作为磁种，在 30s 内即可去除悬浮液中的悬浮颗粒，与传统磁混凝技术相比，显著缩短了沉降时间；而羟基铁粉作为磁种时，在处理河湖污染过程中磷的去除率超过 80%，经过四次吸附 – 解吸后，其吸附性能仍能保持 68.7%。随着纳米材料技术的发展，研究人员通过向磁介质表面添加特异性材料来增强其在磁混凝过程中的作用。比如，利用 3 – 甘氧基丙基三甲氧基硅烷(GPTMS)和聚赖氨酸(P – Lys)对 Fe_3O_4 进行改性得到的 Fe_3O_4/GPTMS/P – Lys 磁种能够有效去除印染废水中的阴离子染料，如甲基蓝、酸性红等。

(二)磁性絮凝剂优化

磁性絮凝剂是指将常规絮凝剂与制备好的磁介质相结合形成的一种新型絮凝剂，这种组合不仅提高了处理效率还简化了工艺流程。目前多采用纳米级 Fe_3O_4 与有机、无机以及生物性絮凝剂通过化学共沉淀法制成。实验表明，当 PAC 被包裹于磁粉表面并结合 PAM 使用时，可以在 30s 内捕获水中 99% 的小球藻，从而加快澄清速度。对于有机 – 无机复合型絮凝剂而言，可以通过水解法制备 $CoFe_2O_4$ 微粒并将其分散于壳聚糖中制成磁性 $CoFe_2O_4$ 复合粒子，该粒子对靛蓝染料的去除率可达 95.3%。此外，还有一种基于 MBFX – 8/磁性 Fe_3O_4/CMC 复合材料的新型生物复合磁性絮凝剂，它不仅能促进胶体快速脱稳聚集，还能通过加强架桥作用使絮团体积增大，最终形成网状结构捕捉更多颗粒以加速沉降过程。磁性絮凝剂的类型与应用见表 8 – 3。

表 8 – 3　磁性絮凝剂的类型与应用

类型	磁性絮凝剂	结果与分析
无机磁性絮凝剂	$Fe_3O_4/Fe_2(SO_4)_3$	复配磁性混凝剂较单独使用对含砷废水的除砷能力提高 15%
	$Fe_3O_4/FeCl_3$	较普通 $FeCl_3$，磁复配混凝剂浊度去除率高达 98.5%，溶解类有机物去除依赖于 $FeCl_3$
有机磁性絮凝剂	Fe_3O_4/PAM	对于煤泥水，澄清速度与效果较单纯絮凝提高 40%，透光率提高 22%
	Fe_3O_4/Ppy(聚吡咯)	磁性絮凝剂对布朗葡萄藻、原始小球藻、小球藻的回收率分别为 99%、92.4%、90.8%
生物磁性絮凝剂	Fe_3O_4/CMC/MBFX – 8	CMC(羧甲基壳聚糖)/MBFX – 8(微生物絮凝剂)在 pH 值 = 6.5，投加量 5g/L 条件下，静置 3h，Cu^{2+} 去除率达 98.9%
	海藻酸锌铁氧体絮凝剂	刚果红、结晶紫和亮绿色最大吸附量分别为 60.4mg/L、65.2mg/L、53.2mg/L，7 次循环利用，再生能力显著

（三）磁性吸附剂优化

传统磁混凝－磁分离工艺中所使用的磁介质虽然具备一定的吸附能力，但效果有限且缺乏选择性。因此，在优化磁介质的过程中，通常会将具有高比重和强磁性特点的磁性材料与其他具有良好吸附性能的功能材料相结合，开发出既能满足比重要求又能提高污染物吸附效率的新型磁性吸附剂。根据不同的需求，可以采用多种方法制备不同类型的磁性吸附材料，包括但不限于化学沉淀法、溶胶凝胶法、溶剂热法等。按吸附功能材料分类，则可分为无机材料（如 SiO_2、Al_2O_3）、有机小分子材料以及有机聚合物三大类。其中，无机材料因其易于操作、可控性强及稳定性好而被广泛使用，但其缺点在于主要是物理吸附机制，难以有针对性地去除某些特定污染物；相比之下，有机小分子材料可以通过引入特定的官能团实现更高效的选择性吸附；而天然或合成的有机聚合物则因其丰富的活性位点而在去除复杂体系中的有机物和重金属方面表现出色。磁性吸附剂种类与应用见表 8－4。

表 8－4　磁性吸附剂种类与应用

类型	磁性吸附剂	制备方法	结果与分析
无机材料改性	磁性活性炭	酸改性活性炭；化学共沉法将铁氧化合物和活性炭复合	磁性活性炭对 Pb^{2+} 饱和吸附量：68.92mg/g，超过单独活性炭吸附量 30.125mg/g
磁性吸附剂	Fe_3O_4/SiO_2－La	共沉淀制备 Fe_3O_4；四乙氧基硅烷为硅源，形成 Fe_3O_4/SiO_2；调节 pH 值，负载氧化镧	高饱和磁强（51.27emu/g）；对磷酸盐吸附量可达 27.8mg/g
有机小分子	磺酸基改性磁性粒子	水热法合成 Fe_3O_4；正硅酸乙酯为硅源，形成 Fe_3O_4/SiO_2；氯磺酸功能基因负载	最大吸附量 16.13mg/g，3 次循环使用后仍有吸附性能
改性磁性吸附剂	Fe_3O_4/SiO_2/APTES/OTES	形成 Fe_3O_4/SiO_2；APTES/OTES 两种类型硅烷复配后负载磁介质	功能基因对污染物特定识别，微藻回收率高达 98%
	M－MSPNPS	两低聚合物涂覆在磁性纳米粒子表面	复合纳米材料粒径 13nm，能够快速去除废水中的 Hg^{2+}
自然聚合物改性	Rs－Fe	共沉淀制备 Fe_3O_4；秸秆上负载 Fe_3O_4	复合材料对亚甲基蓝最大吸附量 48.11mg/g，3 次循环使用，亚甲基蓝去除率 >50%
磁性吸附剂	Fe_3O_4/BAC	法梧桐树叶煅烧得到生物质炭（BAC）；溶剂热法合成 Fe_3O_4 并负载于 BAC 表面	磁性负载材料的孔径、比表面积比生物质炭有了显著提高，最大吸附量 246.3mg/g
人工合成聚合物	磁性负载碳纳米管	以碳纳米管为基质负载磁性介质铁酸钴	对孔雀石绿、甲基蓝最大去除率分别为 99.7% 和 84.8%

磁种的改性与优化是强化磁混凝工艺的技术手段，目前，磁性纳米材料可有效去除重金属离子、放射性污染物、有机污染物。新磁介质的开发提高了磁介质自身的吸附能力，

缩短了沉降时间，提升了出水品质。磁性絮凝剂将混凝剂与磁粉有机结合，不仅保证了混凝剂的电性中和、吸附架桥絮凝作用和磁粉的作用，而且减少了磁粉与混凝剂的用量；同时，组合使用简化了工艺流程，有效降低了磁混凝工艺的药剂经济成本。磁性纳米吸附剂将传统吸附与磁混凝相结合，在保证磁种多孔结构的同时，负载吸附材料或功能化基因，从而提升了对溶解性有机物、难降解物质及重金属离子的去除效率，弥补了磁混凝工艺在处理溶解态污染物方面的不足。尽管新型磁性纳米材料具有显著的优点，但在其制备过程中仍存在一些挑战：如磁性粒子容易团聚、稳定性较差；回收困难且存在一定的健康风险；开发成本高等。这些问题限制了磁性纳米材料的广泛应用。

五、主要应用场景

磁混凝技术被广泛应用于污水处理、饮用水净化、工业废水处理以及河流治理等多个领域。

(1)污水厂提标改造：通过在传统污水处理工艺中加入磁混凝步骤，可以显著提升出水质量，尤其适用于现有污水厂的升级改造，以满足更为严格的排放标准。

(2)污水应急处理：面对突发的水污染事件，磁混凝技术能够迅速部署并高效净化受污染水源。

(3)企业污水站提标改造：对于造纸、印染、电镀等行业的企业污水，采用磁混凝技术能有效降低污染物排放浓度，符合环保要求。

(4)应急净化处理：在饮用水水源受到威胁时，磁混凝技术可用于紧急净化处理，确保水质安全。

(5)深度除磷、降浊：针对含有高浓度磷和悬浮物的水体，磁混凝技术能有效地去除这些污染物，从而改善水质。

第二节　电化学工艺

一、电絮凝技术

电絮凝技术自1889年英国学者 P. P. Strokach 首次提出以来已有超过130年的历史，它结合了化学絮凝和电化学技术的特点，是一种环境友好型水处理工艺。1901年，H. Eugene 等人进一步提出了使用电絮凝净化废水的概念，并进行了实际工厂应用研究；随后几年内，J. T. Harris(1903)和 F. B. Hinkson (1905)在美国分别获得了相关专利；1911年，美国政府在俄克拉荷马州建立了基于电絮凝技术的大型污水处理设施，但由于能耗过高，该设施于20世纪30年代末停止运营；直到1946年，电絮凝才首次大规模应用于饮用水处理领域，但因技术不成熟及高昂运营费用而未能广泛推广；进入21世纪后，随着化学絮凝剂的快速发展以及电力工业的进步，电絮凝技术克服了早期障碍，再次成为研究热点。

该技术具备结构简单、污染物去除效率高、产生较少污泥量以及操作简便等特性，在饮用水净化和废水处理方面引起了广泛关注。通常采用铝或铁作为阳极材料，在电场作用下直接产生絮凝剂，并通过絮凝沉淀和气浮等方式有效移除污染物；同时，电化学过程中的氧化还原作用也是清除污染物的重要机制之一。值得注意的是，由电絮凝形成的絮状体尺寸明显小于传统化学絮凝产生的絮状体，且分布更加均匀，这有利于提高絮状体与污染物之间的碰撞概率，进而增强了整体的污染控制效果。因此，可以认为电絮凝技术在未来的水处理领域拥有广阔的发展前景。

（一）电絮凝技术简介

电絮凝过程中的核心是电凝聚，通过外加电场使电极发生电化学反应。金属阳极产生如 Fe^{2+} 和 Al^{3+} 等具有絮凝特性的阳离子，这些阳离子在水中经历水解和聚合，形成一系列氢氧化物或多核羟基络合物。这些物质通过吸附、絮凝或沉淀去除水中污染物。尽管电凝聚与化学絮凝在絮凝剂来源上有所不同，但其基本机制相似。典型的电絮凝系统包括一个电解槽，其中阳极和阴极由金属构成，并连接到直流电源，浸入待处理的溶液中（图 8－3）。虽然电絮凝在失稳机制上与化学混凝/絮凝类似，但在其他方面，如两个电极上同时发生的副反应，显示出其独特性。电絮凝是一个多种过程协同作用的复杂反应体系。其电极反应为：

阳极：

$$M(s) \longrightarrow M^{n+}(aq) + ne^-$$

$$2H_2O(l) \longrightarrow 4H^+(aq) + O_2(g) + 4e^-$$

阴极：

$$M^{n+}(aq) + ne^- \longrightarrow M(s)$$

$$2H_2O(l) + 2e^- \longrightarrow H_2(g) + 2OH^-$$

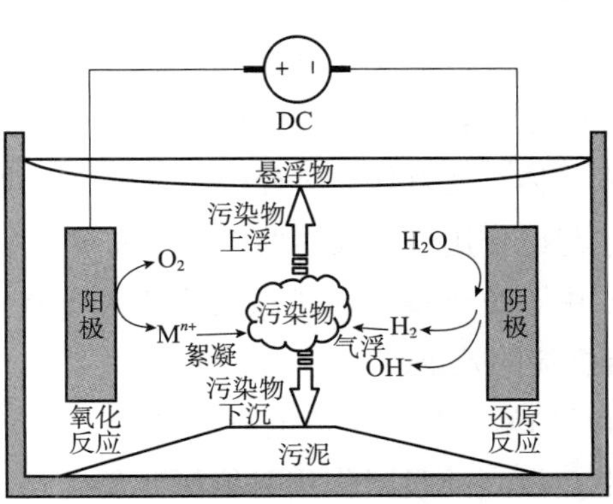

图 8－3　电絮凝净水原理示意图

阳极作为电絮凝电池中的混凝剂，当直流电通过电池时，它会解离以产生金属阳离子。阳极的解离遵循法拉第定律，见式（8－1）。

$$m=\frac{ItM_w}{zF} \tag{8-1}$$

式中 I——电流，A；

t——操作时间，s；

M_w——分子量，g/mol；

m——阳极溶解质量，g；

F——法拉第常数，96.485C/mol；

z——参与反应的电子数。

阳极反应如下，其适用于铝和铁电极。

$$Fe(s) \longrightarrow Fe^{n+}(aq) + ne^- \tag{8-2}$$

$$4Fe^{2+} + 10H_2O + O_2(aq) \longrightarrow 4Fe(OH)_3(s) + 8H^+ \tag{8-3}$$

$$Fe^{2+}(aq) + 2OH^- \longrightarrow Fe(OH)_2(s) \tag{8-4}$$

$$Al(s) \longrightarrow Al^{3+}(aq) + 3e^- \tag{8-5}$$

$$Al^{3+}(aq) + nH_2O \longrightarrow Al(OH)_n^{3-n} + nH^+ \tag{8-6}$$

根据溶液的 pH 值和电位，铁可以形成二价或三价阳离子。此外，铝只作为三价阳离子溶解。

如前所述，电絮凝(EC)电池中会发生一些副反应，包括阴极处产生氢气气泡和 OH^- 离子，从而导致溶液的 pH 值升高，如式(8-7)所示。

$$2e^- + 2H_2O \longrightarrow H_2 + 2OH^- \tag{8-7}$$

在某些情况下，实际的阳极溶解与用法拉第定律计算的结果不符，这表明其他电化学反应可能发生在阳极上。一些研究者认为，在碱性和足够高的阳极电位[见式(8-8)]下，阳极处的氧可能发生演化，这可能是理论和实际阳极溶解不匹配的原因。

$$2H_2O \longrightarrow O_2 + 4H^+ + 4e^- \tag{8-8}$$

经过对絮凝机理的长期研究，通常认为絮凝过程主要涉及四种作用机制：

(1)压缩双电层。根据 DLVO 理论(由 Derjaguin、Landau、Verwey 和 Overbeek 四位学者于 20 世纪 40 年代提出，通过分析颗粒间范德华引力与双电层斥力的相互作用，解释胶体聚沉或稳定的状态)，较薄的双电层能有效降低排斥能，当 ζ 电位降至某一临界值时，胶体会失稳并形成疏松的絮状体。在电絮凝过程中，金属离子进入水体后会水解产生带正电荷的离子，这些离子由于静电作用进入胶体的扩散层和吸附层。由于胶核表面的总电位保持不变，这会导致吸附层中正离子增多而扩散层中正离子减少，进而使得扩散层变薄、ζ 电位下降，从而产生絮凝沉淀的效果。

(2)吸附电中和。水解后的絮凝剂具有正电荷可吸引表面带有负电荷的颗粒，导致胶体发生电中和而失去稳定性。强烈的吸附作用可能源于静电作用、表面络合、范德华力、氢键、共价键以及离子交换吸附等多种因素。

(3)吸附架桥。牺牲阳极电解产生的高分子聚合物能够与胶粒相互吸附，其长链上的活性基团可以占据一个或多个胶体颗粒表面的吸附位点，这种桥接作用促使水中的胶体颗粒或其他悬浮物聚集成更大的絮凝体。

(4)沉淀网捕。阳极电解产生的金属离子在水解后，如果其剂量超过了自身的溶度积，则会形成大量金属氢氧化物絮体。这些带正电的氢氧化物絮体最初往往具有较高的比表面积，因此具有一定的黏附能力，能够捕获水中的胶体颗粒并迅速形成沉淀以实现去除目的。

在电絮凝技术进行水处理的过程中，主要依靠以上四种机理完成污染物的处理处置。在整个过程中，根据实际的水质特点，可能是几种机理的综合作用，也可能是其中某种机理起主要作用。

(二)影响电絮凝效率的因素

电絮凝过程的效率受到多种因素的影响，包括电流密度、初始 pH 值、污染物的种类与浓度、电解质的浓度以及电极板之间的距离。增加电流密度可以提升金属离子的析出量，从而产生更多的絮凝剂，并进一步提高污染物的去除效率。根据法拉第定律，阳离子的析出速度与施加的电压成正比。然而，由于不同污染物及金属离子水合物的存在形态各异，目前对于初始 pH 值对污染物去除效果的影响尚未达成共识。提高电解质浓度有助于降低反应所需的能量消耗。虽然极板间距会影响系统的水力条件和电阻，但其对污染物去除效果的影响相对较小。随着污染物初始浓度的增加，电絮凝技术需要更长的反应时间和更高的电流密度。尽管延长反应时间可以提高污染物的去除率，但去除速率会逐渐下降，因此合理控制反应时间是降低处理成本的关键。本节将重点讨论这些最关键的参数。

1. 电极连接方式

电絮凝装置需要巨大的电极表面积来增大金属解离率，通常使用单极或偶极电极设置串联或并联来实现，如图 8－4 所示。

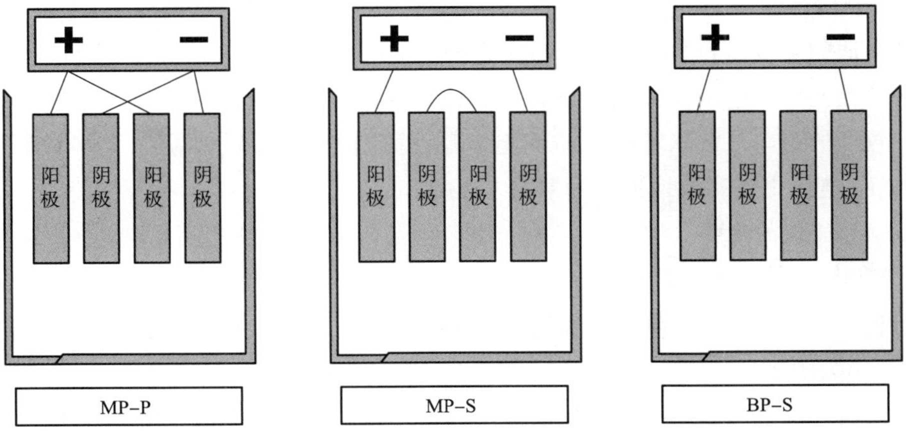

图 8－4　不同的电极连接方式

在单极并联(MP－P)结构中，所有阳极均与外部电源的正极相连，阴极亦然。此配置下，相较于串联电极，电流在各电极间分配，从而产生较低的电位差。在实现单极串联(MP－S)连接时，当两个最外层电极分别连接至外部正极和负极时，每一对内电极相互连接，但不与外部电极直接相连。这种情况下，电池电压的增加会导致电极间产生更高的电位差。内部电极被称为“牺牲电极”，其作用是减缓阳极消耗和阴极钝化的速率。在双极串联（BP－S）结构中，最外层电极直接连接到外部电源，而内部电极则不通过任何方式连接。一旦电流通过主电极，内部电极的相邻侧就会发生极化，并携带与邻近电极相反的电荷。在这种配置中，两个最外层的电极为单极性电极，而内部的牺牲电极则为双极性电极。

2. 电流密度

电流密度，定义为电极面积上的电流强度，是决定电极释放金属离子数量的关键因素。通常，金属离子的离解与外加电流密度呈正比关系。然而，当电流过大时，额外的电能会转化为热能，导致废水温度上升而浪费能源。存在一个电流密度的临界值，超过此值后，水质改善的效果不会显著增加。选择最佳的电流密度还需考虑其他参数，如pH值、温度以及水流速度等。已有多位研究者探讨了在不同工况下电流密度对电絮凝效率的影响。

3. 阴离子浓度

在电絮凝过程中，CO_3^-、Cl^-和SO_4^{2-}这三种阴离子起着重要作用。众所周知，SO_4^{2-}能够抑制铝阳极的溶解，进而降低铝电极的电流效率。相反地，氯化物和硝酸根离子通过破坏钝化层来减轻SO_4^{2-}对金属阳极的抑制作用。特别是Cl^-显著减少了SO_4^{2-}的负面影响，但当盐浓度过高时，会在电极上形成沉淀，从而产生绝缘层，导致电极间电位升高，降低了电絮凝效率。

溶液的电导率是影响电絮凝效率和能耗的一个重要因素。随着电导率的增加，污染物的去除效率也会提高，同时降低电絮凝的能耗。因此，可以通过添加NaCl等盐类来增强溶液的导电性。此外，研究还表明氯离子的存在可以有效地对水进行消毒处理。

4. 电极材料

选择合适的电极材料至关重要，因为它决定了反应的类型。尽管Al或Fe电极因其可靠性而被广泛使用，但研究发现，与Fe^{3+}相比，Fe^{2+}由于其较低的正电荷，是一种较弱的混凝剂。较低的正电荷意味着离子压缩电双层/稳定胶体的能力较弱。大多数研究表明，Al电极比Fe电极更能有效地去除污染物。

5. 初始pH值的影响

pH值在电絮凝中是一个关键参数，因为它会影响zeta电位、电极溶解和溶液的电导率。铝阳极和铁阳极在电絮凝期间表现出不同的行为，具体如下文所述。

（1）铝作为阳极。

如前所述，当铝用作阳极时，会根据式（8－5）进行电解，生成三价铝离子。随后，这些铝离子根据式（8－6）自发水解，并依据溶液的pH值形成各种产物。阳极反应使阳极附近呈现微酸性环境，而在阴极附近，由于析氢和产生OH^-，则呈现出微碱性。通常情况下，如果溶液的初始pH值为强酸性（pH值<3）或强碱性（pH值>11），在电絮凝过程中pH值不会有显著变化。然而，若初始pH值呈酸性，则预计在整个电絮凝过程中pH值会上升；相反地，若初始pH值呈碱性，则预计pH值会在过程中下降。因此，使用铝作为电絮凝的阳极被视为一种有效的 pH 值中和手段。研究还探讨了不同 pH 值条件下氯离子及其水解产物的行为，发现当 pH 值 <3.5 时，由于电化学作用，溶液中主要产物为 Al^{3+}。此外，该研究也考察了初始 pH 值对 COD 去除效率的影响，结果显示 pH 值在 6 ~ 8 范围内达到了最佳去除效果，而在 pH 值为 12 的高碱性条件下去除效率最低。这些结果十分合理，因为 $Al(OH)_3$通过吸附、电中和及网捕机制来处理污染物。

(2)铁作为阳极。

与铝阳极相比，铁可以溶解成二价或三价阳离子，其具体形式取决于溶液的 pH 值和反应器电位，进而水解形成不溶性铁化合物。研究表明，亚铁离子仅在 pH 值 >5 时才会被氧化成铁离子，且只有在 pH 值介于 8 ~ 9 才能实现完全氧化。在高碱性环境下，$Fe(OH)_4^-$将生成弱混凝剂，导致电絮凝效率降低。因此，铁电极电絮凝的最佳操作范围是 pH 值在 5 ~ 9 之间，其中初始 pH 值设定为 8 ~ 9 有利于确保亚铁离子得到充分氧化。

(三)电絮凝的优缺点

相较于化学絮凝，电絮凝技术具备以下四方面的优点：

(1)原位反应且无二次污染。电絮凝剂是通过牺牲阳极在电流作用下发生氧化电解，随后金属离子自发水解，从而原位生成金属氢氧化物。其性质主要受电极材料的种类和水质特点(如 pH 值、阴阳离子及污染物种类等)的影响。电絮凝过程中不会引入其他外源物质(如 Cl、SO_4^{2-}和 NO_3^{2-}等)，减少了水体可能受到的干扰，有利于后续处理。

(2)有效成分含量高。对于铝系絮凝剂而言，一般认为 Al_{13}是聚合铝中最有效的絮凝成分。而在商用铝盐絮凝剂的水溶液中，铝的主要形态为 Al_a(单体和初聚体)，其中 Al_{13}的质量分数通常在 30% ~35% 。相比之下，以铝为阳极的电絮凝过程中，通过调控电解参数和搅拌强度等因素，可以保持较高的 Al_{13}含量，最高可达 80% 。

(3)污泥量少。由于电絮凝技术产生的絮凝剂有效成分含量更高，处理相同体积废水时消耗的铁或铝的质量仅为化学絮凝的 1/3。因此，产生的污泥量也会显著减少，通常情况下污泥减少量超过 33% 。

(4)装置简单且操作简便。电絮凝装置运行的主要参数为电流和电压，整体工艺具有高度自动化控制水平，运行过程中的操作、维护和管理简单便捷。

相对来说，电絮凝技术也存在一些不可忽视的问题，这些缺点限制了该项技术的进一步发展，主要为以下四点。

(1)电导率要求较高。在电化学技术中，为了维持电化学反应的进行即电流的流动，需要溶液具有较高的电导率。因此，溶液的电导率直接影响到整个工艺的污染物去除效率和运行成本。为了保证低能耗，目前电絮凝领域的研究主要集中在工业废水(如电镀废水、印染废水等)，而在水源水和生活污水上的研究相对较少。

(2)阳极需要定期更换。由于阳极发生电化学溶解，长时间运行会大量消耗，因此需要定期更换。

(3)金属离子的残留。在电絮凝过程中，溶出的金属离子存在自发的水解过程，除生成具有絮凝效果的电絮凝剂外，还会有部分金属离子溶解在水中。例如，铁离子和铝离子的残留分别会导致水体的高色度和对人体的毒性积累，因此一般需要后处理工艺来保证出水中的铁、铝残留量达标。

(4)阳极钝化。阳极钝化是目前限制电絮凝技术应用的主要因素。钝化膜的存在会导致阳极溶解速度减缓、电流效率降低和额外增加运行电耗。目前对于阳极钝化现象的理论解释主要为薄膜理论和吸附理论。薄膜理论认为阳极表面生成的复合分子氧化膜会促使其电势发生突跃，极化电流会在电极副反应过程中消耗(如氧的析出和高价反应产物生成等)，从而导致阳极溶解速率明显下降。而吸附理论则认为水中的氧、氧化物等粒子会吸附在阳极表面，改变金属－溶液的界面结构，造成阳极反应的活化能升高，从而出现钝化现象。两种理论的概念相近，区别在于阳极表面具体如何变化，目前为止还没有形成统一的权威理论。

(四)电絮凝技术的应用

(1)电絮凝除磷。

水体中磷含量过多会导致富营养化，从而破坏水体的原始生态环境。与化学混凝相比，电絮凝法在去除磷酸盐方面具有显著优势。电絮凝过程中产生的新生态铝盐表现出极高的吸附活性，磷酸盐主要通过 Al^{3+} 水解聚合产物的吸附作用被移除，此外还可能通过形成 $AlPO_4$ 或羟基磷酸盐沉淀来实现去除。

(2)电絮凝协同技术。

单独使用电絮凝技术难以经济高效地实现采出水排放标准，因此其与其他工艺的组合成为研究热点。例如，电絮凝－超滤协同去除腐植酸(HA)、电絮凝(阳极为铝电极、电压4V、硫酸钠浓度5g/L)结合电催化(BDD电极为阳极、电流密度10mA/cm^2)处理表面活性剂(LAS)废水、电凝聚臭氧化耦合工艺去除溶解性有机物以及电絮凝/氧化－超滤协同去除天然有机物(NOM)等。

(3)重金属离子的去除。

许多工业废水含有有害重金属和有毒物质，如铬、镍、铜、锌和氰化物。这些污染物具有稳定性高、难以降解、污染范围广的特点。利用不溶性氢氧化物沉淀重金属是处理此类废水最有效且最经济的方法之一。因此，电絮凝被发现是一种有效的处理含重金属离子废水的技术，它具有操作简单、能耗低、出水水质好及污泥产生量少等优点。

(4)处理含油废水。

电絮凝是一种简单而有效的处理方法，涉及牺牲阳极的电溶解和作为絮凝剂的氢氧金属产物的形成。同时，在阴极产生的氢气有助于通过浮选去除污染物。目前，中国大部分油田已经进入三次采油阶段，含水率高达70%～90%，导致大量采出水的产生。传统的二级沉降和过滤方法操作复杂且成本高昂，相比之下，电絮凝技术提供了一种新的研究方向。电絮凝能够中和电荷并将油污染物与生成的絮体和氢气泡结合形成乳液，对于去除水中的石油特别有效。电絮凝技术的发展为废水除油提供了一种有前景的选择。

二、电化学氧化技术

电化学氧化技术是一种典型的电化学处理方法，其主要优势在于无须添加外源性化学药剂，反应条件温和，便于操作和自动化控制，且使用过程便捷。此外，电化学氧化技术还能与光催化或膜处理技术结合，对低浓度废水进行深度净化，从而减少污染物排放，并实现资源的再利用。

尽管电化学技术已在工业上广泛应用，形成了庞大的电化学产业，但电化学氧化降解废水中有机污染物的技术尚未实现工业化应用。主要原因在于效率低下和经济性不足。电化学氧化技术处理难降解有机物面临两个关键问题：一是提高电催化速度和效率以缩短处理时间；二是增强电极稳定性以延长其使用寿命。针对这两个问题，需要从开发高催化活性的电极材料和优化反应器设计入手解决前者，而后者则需要深入研究电极材料的结构和制备方法。因此，电化学氧化技术的发展关键在于改进电极材料和优化反应器结构。

(一)电解氧化概述

电解氧化预处理技术利用电解产生的强氧化剂对水中的还原性成分和有机质进行氧化处理。该技术在废水处理过程中显著减少了化学试剂的使用量，这与“绿色化学工艺”的发展趋势相契合，因此在工业生产中得到了广泛应用。目前，胜利油田采用了电解氧化预处理技术，并建立了多套电化学氧化装置，这些装置在处理高矿化度、强腐蚀性采出水方面表现出独特的性能；中原油田在马厂采出水处理站建立起气浮除油－电化学预氧化－气浮净化一体装置。

1. 电解氧化作用

(1)氧化除杂。

电解氧化是通过电解反应，在溶液中产生所需的强氧化性物质。

1)清除硫化物。在电解采出水过程中，S^{2-}的电极电位最低，最先被氧化，形成单质 S。

阳极：

$$S^{2-} - 2e^- \longrightarrow S\downarrow$$

阳极：

$$2HS^- - 2e^- \longrightarrow H_2\uparrow + 2S\downarrow$$

2)清除 Fe^{2+}，Fe^{2+}被氧化成 Fe^{3+}离子。

阳极：

$$Fe^{2+} - e^- \longrightarrow Fe^{3+}$$

随着电极电位的进一步上升，水中 Cl^-和 H_2O 电解，可产生强氧化剂如 Cl_2、·OH 等物质，也可以进一步氧化溶液中的 Fe^{2+}、S^{2-}和$(FeS)_x$，降低 Fe^{2+}及硫化物含量。

(2)杀菌作用。

因油田采出水中 Cl^-含量较高，在电解过程中，除水电解产生的 O_2、·OH 自由基外，还会产生 Cl_2、ClO^-强氧化剂，杀灭水中的 SRB、TGB 等细菌。

阴极：

$$2H^+ + 2e^- \longrightarrow H_2\uparrow$$

阳极：

$$4OH^- - 4e^- \longrightarrow 2H_2O + O_2\uparrow$$

$$2Cl^- - 2e^- \longrightarrow Cl_2\uparrow$$

(3)混凝聚沉。

油田采出水是一种多相体系，包含悬浮固体、油滴、溶解气体和溶解盐类。其中，悬浮固体、油滴以及乳化剂等杂质与水混合形成稳定的溶胶状态，表现为细小的胶体微粒。这些微粒非常稳定，难以通过自然沉降的方式去除。因此，必须借助化学方法使这些溶胶失稳，并通过凝聚或絮凝作用将其转变为较大的颗粒，以便能够有效地进行沉降分离。

$$Fe^{2+} - e^- \longrightarrow Fe^{3+}$$

$$xFe^{3+} + mOH^- \longrightarrow [Fe(OH)_3]_x \cdot OH_{m-3x}$$

采出水中的 Fe 被氧化成铁离子，并与水中的 OH^- 结合，生成具有强大吸附能力的絮状 $[Fe(OH)_3]_x \cdot OH_{m-3x}$ 胶体。这种胶体能促使采出水中的悬浮颗粒聚集并沉降，从而使水中的各种微小颗粒杂质通过混凝作用沉积下来，达到水质净化的目的。

(4)腐蚀与结垢控制。

油田采出水中含有较高浓度的 Ca^{2+} 和 Mg^{2+}，它们与水中的 HCO_3^- 和 $CO_3{}^{2-}$ 长期接触后，会逐渐形成如 $CaCO_3$ 和 $Mg(OH)_2$ 等沉淀物，导致管道结垢；同时，这些弱碱性体系还会因为吸收氧气而显著加快管道腐蚀的过程。控制这一过程的原理在于调整水体的酸碱度，以减少沉淀物的生成以及减缓管道腐蚀的速度。具体方法是通过调节 pH 值，将原本偏碱性的水环境转变为略微呈酸性的环境，这样可以有效抑制结垢现象的发生并降低腐蚀速率，进而延长设备使用寿命。

2. 电化学氧化方式

(1)电化学直接氧化。

在电化学氧化水处理技术中，针对废水中有机物质的降解反应主要集中在阳极区域，根据作用机制的不同，通常将其分为直接氧化和间接氧化两种主要类型。

直接氧化过程是指废水中的有机污染物通过吸附作用聚集于阳极表面，然后通过阳极发生的电子转移反应实现对各类污染物的氧化去除。这一过程往往在污染物浓度较高的情况下更为显著。在此过程中，常见的性能指标包括瞬时电流效率(ICE)、电化学氧化指数(EOI)、电化学需氧量(EOD)、矿化电流效率(MCE)以及污染物去除率和矿化率等。

根据废水中污染物成分降解程度的不同，发生在阳极表面的有机污染物氧化过程可进一步细分为电化学转化与电化学燃烧两类。前者旨在将有毒化学物质转化为低毒或无毒形态；后者则能够使有机物彻底转化为 CO_2 和 H_2O。

这种方法对于处理含氰化物、氮元素及酚类化合物的废水特别有效。然而，该技术也存在局限：一是污染物从溶液内部迁移到电极的速度较慢；二是阳极表面可能会发生钝化现象，这会影响整个氧化过程的效率。

(2)电化学间接氧化。

在电化学间接氧化水处理技术中，羟基自由基(·OH)展现出强大的氧化能力(其标准电势为 2.80V)。它能够不加选择地将废水中的有机污染物分解成 CO_2和 H_2O，以及无机离子。最为典型的电化学高级氧化技术包括阳极氧化技术过程(AO)，该过程能在阳极表面生成异相·OH；还有电芬顿技术过程(electro - Fenton，EF)和光电芬顿技术过程(photo - electro - Fenton，PEF)，这两种过程涉及均相·OH 的生成。在这些反应过程中，实际生成的·OH 可以在电极结构表面发生化学吸附和物理吸附。在化学吸附过程中，通常可以将废水中难以降解的有机物质转化为可生物降解的化学物质。而在物理吸附过程中，·OH 则能实现对采出水中有机化学物质的彻底矿化处理。

(二)电极材料

1. 按性能分类

从技术应用的角度来看，阳极材料的类型对·OH 的生成量及其具体表现形式有着显著的影响，并且还能改变电极结构的析氧过电位。根据电极材料在实际中展现出来的催化性能，可以将用于阳极部分的电极材料分为两大类：一类是活性电极材料，如 $RuO_2 - TiO_2$复合材料、$IrO_2 - Ta_2O_5$复合材料、Ti/Pt 合金以及碳与石墨材料；另一类是非活性电极材料，包括 Ti/PbO_2涂层材料、Ti/$SnO_2 - Sb_2O_5$复合材料及 BDD(硼掺杂金刚石)材料。

对于具有较低析氧过电位的电极材料，在电解化学反应过程中容易同时发生析氧副反应。这类电极通常被称为活性电极，而那些不容易发生此类副反应的则被称作非活性电极。在活性电极材料表面，通常会形成一定数量的化学吸附型·OH 物种。当极板材料能够生成超氧和·OH 物种时，它们之间相互作用，在处理有机污染物的过程中将污染物转化为易于生物降解的化学物质。相反地，在非活性电极材料表面，可以产生并分布更多的物理吸附·OH，这些自由基在水体中呈现均匀分散状态，促使多种有机化学污染物经历电化学反应，从而实现其完全矿化。常见的活性和非活性阳极材料见表 8 -5。

表 8 -5　常见的活性和非活性阳极材料

阳极类型	成分	电催化析氧能力	析氧过电位/V	M(·OH)的吸附性	氧化能力
活性	$RuO_2 - TiO_2$(DSA - Cl_2)	好	1.4 ~ 1.7	化学吸附型·OH	低
	$IrO_2 - Ta_2O_5$(DSA - O_2)	好	1.5 ~ 1.8		
	Ti/Pt	好	1.7 ~ 1.9		
	碳与石墨材料	好	1.7		
非活性	Ti/PbO_2	差	1.8 ~ 2.0		
	Ti/$SnO_2 - Sb_2O_5$	差	1.9 ~ 2.2		
	BDD	差	2.2 ~ 2.6	物理吸附型·OH	高

2. 按材料分类

(1)金属电极。

金属电极，定义为以裸露金属作为电化学反应界面的阳极材料，其表面不覆盖氧化物膜，代表了最早期的阳极技术。尽管碱金属与碱土金属被排除在外，但大多数金属在电化学电极领域的研究已有广泛报道。这些阳极虽具备优异的导电性，但在电解过程中可能会遭遇溶出现象(如 $Fe \longrightarrow Fe^{2+}$、$Cu \longrightarrow Cu^{2+}$)，这不仅导致阳极损耗，还可能向溶液中引入新的杂质。即便是铂这样的惰性电极，虽然不易溶解，但其电催化活性相对较低，处理废水时耗时长、效率低，且易受污染而失效。因此，如何优化电极材料的表面特性，赋予其理想的电催化性能，成为一个持续的研究挑战。

(2)碳素电极。

尽管碳素电极已被广泛应用，但对碳素材料结构的研究与认识仅在近20年才开始深入。不同的碳素材料因其成分和制备工艺的差异，表现出各异的性能。其中，人造石墨材料以其较少的杂质含量、优异的导电性能和强大的化学稳定性脱颖而出；其最显著的特点是能够完全抵抗卤素腐蚀，因此在许多电解槽中仍作为重要的实用材料。然而，由于碳元素易与氧结合形成一氧化碳和二氧化碳，导致碳素材料在氧气析出的环境中极易受到腐蚀。因此，如何通过改变组织结构来提高石墨材料的耐蚀性，仍是当前研究的重要课题。此外，碳素材料的低强度也是一个亟待解决的问题。近年来，关于碳素材料的化学改性研究不断涌现，为克服其固有缺陷、开拓新的应用领域提供重要途径。

(3)非金属化合物电极。

非金属化合物电极主要包括硼化物、碳化物、氮化物、硅化物及硫化物等类型。当前阶段，尽管非金属作为电极材料的研究与应用仍处于初级阶段，但鉴于这些材料所具备的独特物理特性——高熔点、硬度大、耐磨性强以及优异的耐腐蚀性和接近金属般的导电性能，它们在未来的发展中展现出了巨大的潜力。

(4)钛基涂层电极。

钛基涂层电极作为金属氧化物电极的主要形式，被广泛称为形稳阳极 DSA(Dimensional Stable Anode)。DSA 这一名称源于其阴极与阳极在长时间使用过程中保持近距离不变，显示出极低的损耗率和尺寸稳定性。DSA 电极的出现，不仅克服了传统石墨电极、铂电极、铅基合金电极以及二氧化铅电极等存在的局限，还为电催化电极的设计提供了新的思路。具体来说，可以根据特定的电极反应需求来设计电催化材料的组成结构，并通过材料加工和涂覆工艺，使得原本不具备结构支撑功能的材料能够在电极反应中得到应用。

由于 DSA 电极的化学和电化学性质可以通过改变氧化物膜的材料成分和制备方法进行调整，在过去30年里，科学家们围绕 DSA 电极开展了大量研究工作，涉及其制备方法和电催化氧化机理等方面。研究表明，相比金属电极，氧化物电极更难受到污染的影响。在电催化氧化过程中，主要的竞争副反应是阳极氧气析出(对于含氯离子较多的废水而言，也可能是氯气析出)，因此，理想的催化电极应具有较高的析氧过电位。DSA 电极通过改进材料及结构(如涂层结构和掺杂情况)可以轻松实现这一点，从而成为当前电催化领域中最受瞩目的一种电极类型。

此外，近年来稀土元素在电化学领域的应用也成为一个热门研究方向。有研究表明，将稀土元素 Gd 掺杂到传统的 RuO_2/Ti 电极中可以显著提升其电催化氧化性能，这可能是因为稀土元素能够改变电极材料表面颗粒度并形成深能级，但具体的机制尚不完全明确，仍需进一步探索。

(5)常用电极材料。

在进行电化学氧化时，阳极的特性不仅决定了氧化反应的类型(是电化学燃烧还是转化)，还影响着处理效率，即是否具备高的析氧电势抑制副反应的发生。因此，在利用电化学氧化技术处理有机废水时，选择合适的阳极材料是首要任务。表8-6总结了当前常用的各种阳极材料的析氧电势。

表8-6　不同阳极材料的析氧电势

阳极材料	$C_{H_2SO_4}$/(mol/L)	析氧电势/V
Pt	0.5	1.3
IrO_2	0.5	1.6
石墨	0.5	1.7
PbO_2	1.0	1.9
SnO_2	0.5	1.9
Pb-Sn	0.5	2.5
TiO_2	1.0	2.2
BDD/Si	0.5	2.3
BDD/Ti	0.5	2.7
DiaChem®	0.5	2.8

目前使用的阳极材料包括玻璃碳、RuO_2/Ti、Pt-Ir/Ti、碳纤维、多孔碳毡、不锈钢和网状玻璃碳等。在这些材料中，石墨、Pt、PbO_2、IrO_2、TiO_2和SnO_2等被研究得最为广泛。然而，大多数材料难以同时具备高催化活性和高稳定性。根据表8-6的数据，IrO_2、Pt和石墨电极的析氧电势较低，这意味着在这些电极上有机物的氧化可以在较低的电势下进行，但电流密度低，导致处理速率不高。尽管提高电流密度可以提高处理速率，但由于析氧竞争反应的发生，电流效率会显著下降。相比之下，在Ti或其他变价金属基体上覆盖的掺杂硼的金刚石薄膜电极具有很高的析氧超电势、优异的化学惰性和电化学特性，使得这些电极即使在高电流密度下也能发生阳极氧化，从而提供高处理速率和接近100%的电流效率。

(三)电化学反应器

电化学反应是在电解池中进行的，电解池的结构对水处理效果有显著影响。在直接电化学氧化过程中，只有当污染物传输到电极表面时才能被降解；而在间接电化学氧化中，高效的处理则依赖于污染物与电化学产生的强氧化剂之间的充分混合。因此，为了有效地使用电化学方法处理废水，必须优化污染物的传质过程并加快其与氧化剂之间的混合，这就需要设计出高效的反应器。

由于有机物的电化学氧化主要发生在阳极表面，所以增加阳极表面积不仅能够提高降解效率，还有助于提升时空产率。从二维电极发展到三维电极，极大地提高了电极的比表面积，缩短了粒子间的距离，从而提高了电流效率。此外，离子群电极在污水处理中的优异表现也进一步证明了增大电极比表面积可以有效提升有机物的降解速率。

在1973年，Fleischmann、Goodridge及其团队成功开发了复极性固定床电极技术。该技术利用高梯度电场使固定床内的电极材料发生复极化，形成复极粒子，这些粒子在其两端分别进行氧化还原反应，使得每个小颗粒都相当于一个微型电解池。由于每个微型电解池中阴阳极之间的距离非常近，因此传质过程极为高效；同时，整个电解槽可以视为多个微型电解池串联而成，从而显著提升了整体效率。近年来，出现了多种新型的强制对流传质电解器结构设计，特别是那些采用三维电极配置(如多孔电极、填充床电极、流化床电极以及移动床等)的设计更适用于水处理应用。

此外，针对三维电极的应用还涌现出了一系列新材料。例如，具有高孔隙率特性的碳气凝胶电极(其固体基质由相互连接的胶体碳构成，比表面积介于400～1000m^2/g，平均孔径小于50nm)，金属－碳复合电极(通过金属纤维与碳纤维组合而成，比表面积达到750m^2/g)，还有碳泡沫复合材料及网状玻璃碳材料等。值得一提的是，导电陶瓷作为一种新型材料，不仅拥有接近石墨的良好导电性能，而且表现出卓越的化学稳定性，适合用作阳极或阴极材料，并且正在被研究以赋予其微结构特征并能够承载电催化剂。

1. 反应器构型

电化学氧化水处理过程涉及三个关键步骤：污染物的传质(从水体体相到电极)、吸附(在电极活性位点上)和电子转移(吸附的污染物与电极之间的相互作用)。过去的研究主要集中在电极材料以及反应机理与污染物降解过程等方面，较少涉及电极形状及反应器构型。然而，这两者直接影响传质和电子转移的效率，因此，电极形状和反应器构型的设计显得尤为重要。

(1)浸没式电化学反应器。

根据待处理水相对于固定电极的运动方式或流态，可以分为全混式(mixed model)和推流式(plug flow model)两种主要类型，对应的反应器分别称为全混式连续搅拌反应池(mixed tank cell 或 CSTR)[在许多文献中也被称为平板电极浸没式反应器或流过式反应器(flow－by)]，以及推流反应池或穿透式反应器(flow－through cell 或 flow－pass cell)。在浸没式电化学反应器中，固定电极被浸没在盛有待处理水的容器内，两个极板之间的空间作为水流通道。为了防止电极表面出现浓差极化现象，通常采用机械搅拌方法，以促进目标污染物向电极表面扩散，从而在极板表面上发生电化学反应(图8－5)。

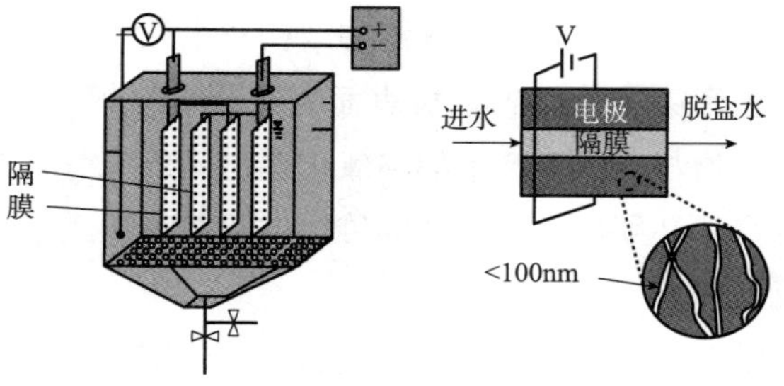

图8－5　典型的平板电极浸没式反应器及过水通道示意图

在传统的浸没式反应器中，污染物向电极表面的迁移主要依赖于自由扩散。因此，该过程的传质效率受到显著限制。由于这种反应器的传质和电流效率较低，所以在需要达到极低出水污染物浓度的情况下，使用此类反应器很难满足要求。

(2)穿透式电化学反应器。

穿透式电化学反应器采用多孔材料作为电极，两电极之间用介电材料隔开，形成“三明治”结构(如图8-6所示)。含污染物废水通过电极内部的孔隙，使污染物得以分离或降解。与传统的浸没式反应器相比，穿透式电化学反应器具有显著优势：

(1)极板间距极小。由于不作为过水通道，两电极之间仅由很薄的绝缘介电隔膜隔离，从而降低了反应过程中两极板间的电阻。因此，在低电压或低电导率(无须外加电解质)的情况下，废水中的有机污染物即可发生电化学反应。此外，极板间距小还可以在单位体积内高密度布置电极单元，提高处理效率。

(2)传质效率和电子转移效率高。多孔电极具有较高的空隙率和大孔隙，有利于介质流动；而大孔结构则有效增加了电极表面积，使水流被迫穿过电极时与吸附位点接触的机会大大增加，从而提高了传质率和电子转移效率。因此，这种设计能够实现较高的电流效率和污染物降解率。

(3)可快速完成电化学反应过程，降低能耗损失，并支持连续运行。

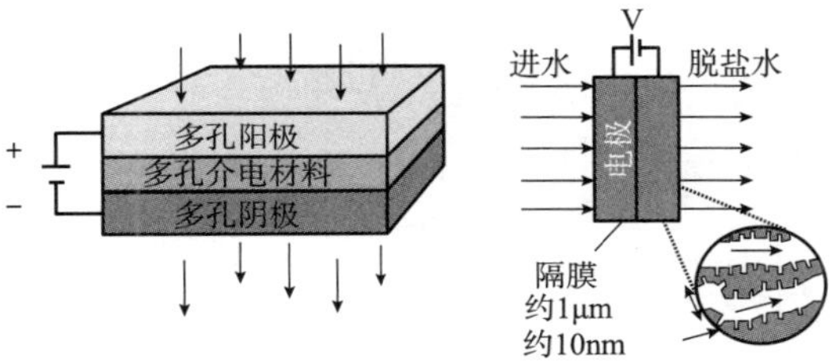

图8-6　穿透式电极反应器结构示意图

目前，应用于电氧化水处理技术的穿透式电极反应器大多采用过滤式设计。Vecitis等人设计了一种穿透式电极反应装置，用于有机染料的电化学氧化。该装置使用多孔不锈钢平板作为阴极，中间带有圆孔的硅橡胶垫圈作为介电隔膜，而金属Y环则作为阳极环与负载了多壁碳纳米管膜(MWNT)的聚四氟乙烯(PTFE)紧密贴合构成阳极。研究表明，当使用的MWNT厚度约为41μm，且水力停留时间不超过1.2s时，在施加2V电压的条件下，可以使得单次进水中98%的有机染料被氧化。

Gao等人在此研究基础上，基于碳纳米管膜堆叠的“三明治”结构进一步开发了一种过滤式反应器。该反应器通过电Fenton反应实现污染物的降解，并同时实现了Fe^{2+}的再生。在实验中，以草酸和两种持久性有机污染物[三氟乙酸(TFA)和三氯乙酸(TCA)]作为目标污染物。研究发现，在这种反应器构型下，污染物通过电Fenton反应的降解效果是单独加电或仅依靠Fenton反应效率之和的四倍，表明利用这种穿透式构型实现的电Fenton反应具有显著的协同效应。

Nath等人采用不锈钢网作为阳极、石墨片作为阴极，并以尼龙网为介电隔膜，构建了一个三层结构的穿透电极反应器。该装置利用处理卤水时产生的活性氯(如 Cl_2 和·HClO 等)作为消毒剂，取得了良好的去除效果。由于电极间距小于 100μm，这有助于提高电流效率。使用此设备处理 0.5mol/L 浓度的卤水时，可以获得次氯酸根离子(ClO^-)，且电流效率超过 60%。当施加 1V 直流电压时，仅需一次穿透操作即可从低至 0.004mo/L 氯离子含量的水中产生足够用于消毒的氯气量。图 8－7 展示了其电化学反应器的具体结构和工艺流程。

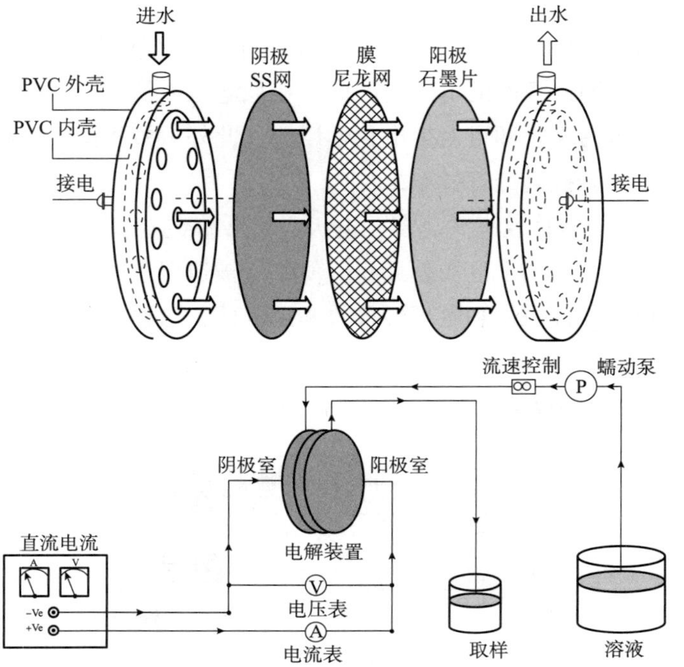

图 8－7　一种用于电催化氧化产活性氯的穿透式电极反应器结构及工艺路线图

2. 供电方式

电催化氧化反应的供电方式主要包括直流供电和脉冲供电。在电催化氧化过程中，电流的大小(密度)直接影响催化氧化降解污染物的效果，因此对电流密度的调控和参数优化至关重要。随着三维电极的开发和应用，脉冲供电方式逐渐受到更多关注和研究。脉冲供电是一种利用瞬间放电脉冲技术的方法，通过“通电－断电”交替进行。这种间歇性的电流反应可以加快离子扩散速度，降低过电位产生的能耗。同时，脉冲作用能够减少极板表面的沉积物，抑制扩散层增厚，缓解甚至解决电极浓差极化带来的传质受限问题，从而提高电流利用效率。此外，由于脉冲断电时电流为零，在相同时间内电能消耗显著降低，这在节能方面具有一定的优势，为电化学氧化技术的进一步工程应用提供了良好的基础。在脉冲供电模式下，脉冲参数会影响电化学性能；通过对脉冲电流密度、脉冲频率、脉冲电压以及占空比等参数进行优化与调整，可以有效提高污染物降解效率并减少能耗。

(四)电化学氧化技术应用

1. 处理回用水

随着社会对水质要求的提高，传统的水处理工艺已无法满足安全、质优的供水水质要求。即使是水中存在的微量有机污染物，也对人体健康构成了严重的威胁，因此必须对城市回用水进行深度处理。高级氧化技术(Advanced Oxidation Processes，AOPs)是一种高效、快速且彻底的废水处理方法，近年来受到了国内外研究者的广泛关注。目前普遍认为AOPs的反应机理是自由基氧化机理，即利用各种光、声、电、磁等物理化学过程诱发产生多种形式的强氧化活性物质，尤其是·OH，几乎无选择性地与废水中的任何有机污染物反应。这种反应既能使持久性有机污染物发生分解并转化为无毒性的可生化降解物质，又可将之彻底氧化为CO_2、H_2O或矿物盐。其中，基于电化学氧化法发展起来的一种高级氧化技术——电化学氧化技术，因其具有其他处理方法难以比拟的优越性，近年来受到了极大关注。

2. 处理废水

电化学氧化工艺在水处理领域具有广泛的适用性，特别是在废水处理的尾端深度净化阶段，以实现污染物的超低排放标准。此技术不仅强化了水中污染物的去除效果，还通过电催化氧化技术从废水中回收资源，从而扩大了水处理的规模，并促进了资源的再利用和能源化，这一趋势正受到越来越多的关注。例如，使用涂有Mn_xO_y的石墨毡电极可以有效地氧化去除废水中的硫化物，并高效、选择性地回收硫。此外，电催化氧化技术还能将金属螯合物转化为自由的金属离子，进而通过浓缩或还原等手段回收废水中的金属。针对实际废水处理的需求，电催化氧化技术正在逐步扩大应用规模，并在工程实践中取得了良好的效果。未来，提高处理效率和降低运营成本将是电催化氧化技术进一步工程化的关键。

第三节　高级氧化工艺

高级氧化工艺，亦称深度氧化工艺，是通过使用氧化剂、电、光照和催化剂等手段，在反应中生成活性极强的自由基(如·OH等)。这些自由基通过与有机化合物的加合、取代、电子转移、断键和开环等作用，将废水中的难降解大分子有机物氧化降解为低毒或无毒的小分子，甚至直接分解为CO_2和H_2O，从而实现无害化。作为物化处理技术之一，高级氧化技术以其高效的处理效率和对有毒污染物的彻底破坏能力而著称，广泛应用于制药、精细化工、印染等行业的有毒难降解工业废水处理，已成为该领域研究的热点。目前，高级氧化技术主要包括光化学催化法、超声化学氧化法、电催化氧化法、超临界氧化法和Fenton试剂法等。

目前，国内外水处理工艺技术中，高级氧化技术相关的研究较多，并且在实际应用中取得了良好的效果。它是当前解决水污染问题最为有效的技术之一。与其他水处理技术相比，高级氧化技术具有以下四个显著特点：首先，它具备良好的应用条件，在水处理过程中对环境的适应性强，对温度和压力的限制较少，同时操作便捷。其次，该技术具有明显的氧化优势，尤其在有机物自然降解方面表现突出。再次，高级氧化技术具有显著的环保价值，在废水处理中不会产生二次污染，有助于有效保护环境。最后，高级氧化技术的设备易于操作，且设备的维护管理工作较为成熟，提供了更多的便利。此外，高级氧化技术还可以与其他工艺有效结合，应用于其他方面的处理工作。

一、光化学氧化法

光化学氧化法是近 20 年来迅速发展的一种高级氧化技术，属于环境友好型催化新技术。其反应条件温和、氧化能力强且适用范围广泛，这些特点使得其在处理难降解毒性有机污染物方面成为国内外研究的热点。自然光中的部分近紫外光(波长范围为 290 ~ 400nm)极易被有机污染物吸收，并在活性物质存在时发生强烈的光化学反应，从而实现有机物的降解。然而，由于反应条件的限制，光化学氧化降解往往不够彻底，容易产生多种芳香族有机中间体，这成为光催化氧化需要解决的关键问题。将光化学氧化与光催化氧化剂结合，可以显著提高氧化效率。根据使用的光催化氧化剂的不同，可以分为均相光催化氧化和非均相光催化氧化。

在污水中，有机物含有的活性极高的化学键(例如碳碳双键、苯环等)，在臭氧、过氧化氢的氧化作用以及紫外光的照射下，极易发生强烈的光化学反应。这些反应过程中产生的羟基具有极强的氧化性。由于光激发反应速率快、消耗时间短且条件温和，因此被广泛应用。目前常见的组合包括 UV(紫外线)/O_3、UV/H_2O_2和 UV/O_3/H_2O_2。

通过光照射某些具有能带结构的半导体光催化剂，如 TiO_2、ZnO、CdS 和 WO_3，可以诱发产生羟基自由基。在水溶液中，水分子在半导体光催化剂的作用下生成氧化能力极强的羟基自由基，从而氧化分解各种有机物。实际应用中，TiO_2因化学性质稳定、难溶、无毒且价格低廉，被广泛应用于催化去除难生物降解污染物。从含有表面活性剂的采油水中去除乳化油难度较大，处理的关键在于消除油水界面膜上的表面活性剂，使油滴重排、聚集并分离。位于油水界面层的半导体 TiO_2催化剂在光照射下可发生光催化氧化反应，使乳化油破乳，从而去除石油类污染物。图 8 - 8 为二氧化钛光催化原理。

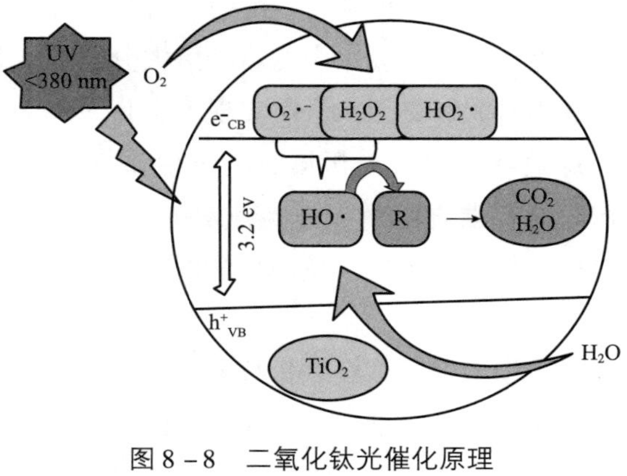

图 8 - 8　二氧化钛光催化原理

对于低浓度含油采出水而言，光催化法尤为适用。当催化剂颗粒尺寸减小或锐钛矿型晶体比例增加时，光催化分解油脂的能力随之增强；同时，较低的初始 pH 值也有利于提升油脂去除率。若将 TiO_2与 Fe^{3+}或 H_2O_2结合使用，则在相同光照时间内可使油脂去除效率提高 5% ~16%。采用太阳能与人工光源相结合的方式处理现场低浓度含油采出水时，仅需光照 2.5h 即可达到超过 99% 的油脂去除率。

然而，当前光催化技术面临的主要挑战之一是光生电子与空穴容易复合，导致整体量子效率较低。实际油田采出水中含有多种污染物，特别是高浓度氯离子的存在会对光催化过程产生不利影响。研究表明，Cl^- 在光催化降解有机物过程中会显著抑制活性自由基 ·OH 的生成，进而大幅降低催化效率。

二、超声化学氧化法

超声化学氧化法被视为一种具有广阔前景的深度氧化技术，它利用超声空化效应产生的高温和高压来降解水中的有机污染物。在超声波作用下，气泡与水界面处可产生高达 2000K 的高温，但持续几微秒后该热点随之冷却，温度变化率达 109K/s，并伴有强烈的冲击波和时速高达 400km/h 的射流。这样的环境可以使高能化学键发生断裂，引起"水相燃烧"。在超声空化过程中，进入空化泡中的水蒸气在高温和高压条件下发生分裂及链式反应，产生 ·OH 和 H_2O_2。而空化泡崩溃后，·OH 和 H_2O_2 进入本体溶液。易挥发的有机物可进入空化泡内进行类似燃烧化学反应的热解反应，不易或难挥发的有机物在空化泡气液界面或本体溶液中同 ·OH 和 H_2O_2 发生氧化反应。在超声波作用下，液体中的微小气泡会发生一系列动力学过程。气泡或空穴闭合炸裂的瞬间会产生一系列的高压、高热和光电等物理效应，这种极限环境产生的能量足以将难以断裂的化学键断开。

当前的主要问题是如何提高声能的利用效率，避免有毒中间体或产物的产生。另外，超声降解与其他降解技术相结合的技术也具有很大的发展潜力。如将超声降解与化学氧化、电化学氧化、光催化降解或吸附等技术有机结合，可充分利用超声波的化学效应和机械效应。

三、Fenton 氧化技术与类 Fenton 氧化技术

Fenton 氧化技术的研究可追溯至 19 世纪末，具体而言，于 1894 年，法国科学家 Fenton 揭示了一项重要发现：在酸性环境中，将 Fe^{2+} 与 H_2O_2 结合能够迅速催化酒石酸的氧化过程。这一创新组合随后被科学界命名为 Fenton 试剂，而涉及此试剂的反应则被称为 Fenton 反应。历经超过一个世纪的演进，当前的 Fenton 氧化技术已在工艺上趋于成熟，其核心应用原理在于利用过氧化氢在亚铁盐的催化作用下生成具有强氧化能力、亲电子特性及电负性的羟基自由基。这些自由基被广泛应用于水处理领域，有效促进废水中污染物的矿化过程，转化为 CO_2 和 H_2O，以此达到降低废水化学需氧量的目标。

尽管传统的 Fenton 氧化技术因其操作相对简单而被广泛认识，但在实际应用中也暴露出局限性，尤其是在处理效率和时间上的不足。然而，鉴于其在氧化能力、污染物处理范围以及环境适应性方面的优势，近年来国内外研究者积极探索将 Fenton 氧化技术与其他先进的氧化技术如超声氧化、臭氧氧化等相结合，显著提升了该技术的实际应用效能，有效缓解了原有技术在水处理过程中存在的耗时长、效率低的问题。

Fenton 试剂本质上是一个由 Fe^{2+} 与 H_2O_2 构成的体系，其中 Fe^{2+} 扮演催化剂的角色，而 H_2O_2 则通过反应释放出羟基自由基，执行氧化任务。值得注意的是，所产生的羟基自由基拥有极高的氧化电位(2.8V)，使其在降解有机物质时能引发链式反应，最终将复杂的有机分子转化为简单的 H_2O 和 CO_2，尤其在处理难以降解的有机废水方面展现出卓越的效能。其详细的反应机制如下：

$$Fe^{2+} + H_2O_2 \longrightarrow Fe^{3+} + OH^- + \cdot OH$$

$$Fe^{3+} + H_2O_2 \longrightarrow Fe^{2+} + HO_2 \cdot + H^+$$

$$2H_2O_2 \longrightarrow \cdot OH + HO_2 \cdot + H_2O$$

Fenton 氧化技术具备以下显著优势：首先，生成的 ·OH 能高效降解多种有机物质，从而提升废水的可生化性；其次，该过程无二次污染产生；最后，H_2O_2 不仅参与反应还提供了部分溶解氧。此外，铁资源丰富且成本低，整个处理过程经济实惠。

尽管 Fenton 氧化技术因其低成本、操作简便、反应速度快以及能形成絮状沉淀而无须复杂设备等优点受到青睐，但其局限性也不容忽视。例如，它必须在酸性环境中进行，pH 值范围较窄；H_2O_2 需求量大，并且在反应过程中需要不断补充 Fe^{2+}。更重要的是，一些初始污染物无法彻底矿化，而是转化为某些中间产物，这些中间体可能抑制 ·OH 的生成，并与 Fe^{3+} 结合形成络合物导致二次污染。

四、超临界水氧化法

超临界水氧化法(SCWO)代表了一种新型的、高效的污水处理技术，目前在我国的研究尚处于初步阶段。这一技术源自湿式氧化法，其核心在于利用超临界水(温度 374℃，压力 22.1MPa)作为氧化介质，使得气体和有机物能完全溶解于水中，消除气液界面，从而形成均相的氧化体系。在此体系中，水溶液展现出接近液体的溶解能力和气体的传递性，同时具有低介电常数，成为理想的高溶解度反应介质。该体系的低黏度和高扩散性提高了流体传输能力。非极性有机物质能在超临界水中溶解，并与添加的氧化剂发生单相反应，转化为 CO_2 和 H_2O。其他替代原子如 Cl、S、P 等则相应转化为 HCl、H_2SO_4、H_3PO_4 等。此方法不仅反应速度快、处理效率高，而且对难降解有机物的处理效果显著，且不产生二次污染。

SCWO 技术在较高的温度和压力条件下才能实现较佳的处理效果，同时对金属具有较强的腐蚀性，因此对反应设备提出了更高的要求。通过在反应中添加催化剂可以加快反应速率并降低所需温度，从而减轻对设备的腐蚀。在超临界水催化氧化过程中，常用的催化剂包括贵金属、过渡金属、碱金属盐以及杂聚酸类。此外，该技术仍面临一些挑战，包括设备腐蚀、盐分沉积、最佳操作条件的确定及反应速率控制等。尽管如此，超临界水氧化技术能够有效地深度处理含油采出水，满足石油工业对于含油废水处理的环境保护与工业应用标准。

五、臭氧氧化技术

当前，臭氧氧化技术作为高级氧化技术的一种，在全球范围内的水处理领域得到了广泛应用并展现出卓越的性能。具体而言：首先，该技术在污水的处理过程中能直接地氧化水中的污染物，从而显著提高处理效果；其次，它能够高效地实现有机物的降解和脱色；最后，臭氧氧化技术的应用限制较少，现有的设备操作和管理相对简便，有助于防止二次污染的发生。此外，随着国内外技术的自动化发展，臭氧氧化技术的应用成本得以降低，效率也得到提升。然而，尽管存在这些优势，臭氧氧化技术在实际应用中仍面临一些问题，如水中溶解率低和大规模废水处理的成本高。因此，为了进一步提高臭氧氧化技术的应用效果，未来的发展方向必须包括与其他工艺的结合，以解决溶解率低和处理成本高的问题。

臭氧，作为一种强氧化剂，能够在各种 pH 值条件下氧化水中的有机物与无机物。它与有机物反应的途径主要有两种：一是缓慢且具有选择性的直接氧化；二是通过分解产生羟基自由基，进而间接地对有机物进行氧化。在这两种机制中，后者表现出更强的氧化能力和更快的反应速度，并且没有选择性限制。在水处理过程中，臭氧与污染物之间的相互作用非常复杂，涉及物理化学过程。在这些反应中，非极性物质转变为极性物质，高分子有机物降解为低分子有机物，而亲水性有机胶团则转化为疏水性易凝聚过滤的无机物。

然而，当单独使用臭氧来处理结构复杂的有机物时，其效果并不理想，目标有机污染物难以被彻底降解。因此，在实际应用中，通常会将臭氧氧化与其他技术结合使用。

六、湿式氧化法

湿式氧化法（WAO）是一种在高温高压环境下使用空气中的氧气作为氧化剂来处理废水中有机物的方法，其最终产物为 CO_2 和 H_2O。目前，催化湿式氧化法正在进一步研究中，以期通过添加催化剂使反应条件更为温和。在传统湿式氧化法的基础上，主要采用 Cu、Fe 等单种或多种金属元素组合作为催化剂。这些催化剂能够有效降低反应所需的温度与压力，并提升处理效率。这种改进后的技术被称为湿式催化氧化法。该技术在处理高浓度难降解废水及污泥方面表现出色。图 8－9 为高级氧化技术的反应动态。

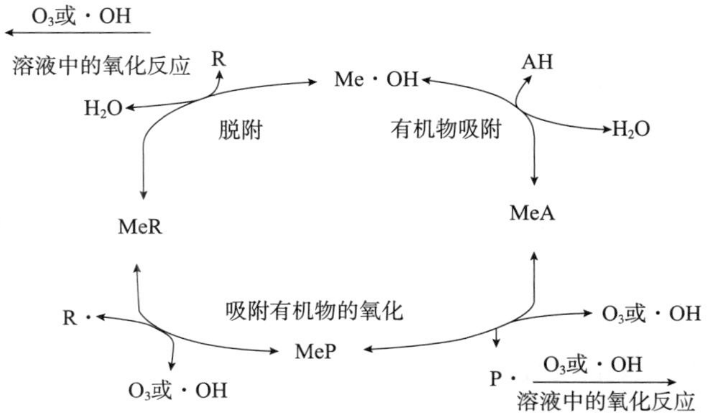

图 8－9 高级氧化技术的反应动态

七、高级氧化技术的应用场景

关于高级氧化技术在油田采出水处理中的应用研究，目前大多仍处于初步的可行性探索阶段，无论是在研究的深度还是广度上均显不足。随着我国东部油田多年注水开发进程，尤其是三次采油技术的广泛应用，油田产出水的特性经历了显著变化，导致处理难度显著提升。此类技术在处理石油工业有机废水时展现出强大的氧化能力、快速反应及高去除效率，且处理设备占地面积小等优势，但也存在技术条件要求高、投资成本大、反应器设计复杂等问题，限制了其在大规模石油工业废水处理中的应用。当前，该技术主要应用于难降解有机工业废水的生物处理前后预处理环节，尤其适用于油田采出水中 COD_{Cr} 的降解以及富含表面活性剂的三元复合驱采出水的处理。展望未来，高级氧化技术与生物处理、化学技术的融合，以及多种高级氧化技术的联合应用，将成为重要的发展方向。高级氧化技术的工业化装置设计与运行需依托跨学科的进步，新型高效难降解有机废水处理设备的开发应紧跟相关科学技术的发展步伐。

(一) 油田采出水的灭菌

油田采出水的处理主要针对其中的硫酸盐还原菌。油田采出水中硫酸盐还原菌含量高的原因主要有两点：其一，该菌在采出水中的初始含量较高；其二，油田水井压裂液中的聚合物为硫酸盐还原菌的生长和繁殖提供了必要的养分。因此，处理油田水中的硫酸盐还原菌成为一项挑战，达标率难以控制。此外，由于硫酸盐还原菌对管道具有腐蚀作用，其带来的不良影响更加显著，这使得对其的处理变得尤为重要。传统的化学杀菌剂虽然在初期有一定效果，但随着硫酸盐还原菌耐药性的增强，其效果逐渐减弱。相比之下，臭氧氧化技术和二氧化氯氧化技术能够从根源上解决硫酸盐还原菌含量高的问题，有效实现油田采出水的杀菌。

(二) 油田地面水体的油污染处理

针对地面水体的油污染问题，光催化氧化技术被采用，该技术不仅能有效清除水面上的油膜，还能高效降解采出水中的其他污染物。通过优化光催化技术处理地面水体油污染，可以进一步完善油田水处理流程，使环保措施更加全面。然而，目前光催化氧化技术的应用仍需进行大量实验，以确定适用于不同油田类型和处理目的的最佳催化剂种类及光源类型。

第四节　二氧化碳驱采出水的处理工艺

一、二氧化碳采油技术

(一) 二氧化碳采油发展情况

目前，水驱仍然是全球大部分油田的主要开采方式。随着地下油田资源的逐渐枯竭，油田采出液中的原油比例不断下降，因此提高原油采收率变得尤为迫切。此外，在采油过程中需要向地下注入大量的回注水，而水资源短缺的问题也成为制约采油效率的一大瓶颈。二氧化碳采油技术的开发为解决这些问题提供了新的思路。早在 1952 年，Wharton 等人就获得了关于二氧化碳强化采油技术的首项专利；直到 1964 年，在美国 Mead – Strawn 油田首次将这项技术应用于实际油田工程后，二氧化碳强化采油技术才开始受到广泛关注。在 1972 年，美国 Collie – Schneider 油田进一步推广了该技术的工程应用。近年来，二氧化碳强化采油技术得到了广泛的研究与推广。为了评估二氧化碳驱油的潜力，Michael Godec 等人对全球最大的 54 个油田(这些油田的产油量约占世界总产量的 95%)进行了数据库建设，并建立了模型来估算二氧化碳的最大封存能力。

近年来，社会对二氧化碳温室效应的关注度显著提升。与此同时，在油田领域，二氧化碳采油技术逐渐崭露头角，促使研究人员开始深入探究二氧化碳捕集与封存技术。可以说，二氧化碳捕集技术和二氧化碳采油技术为低碳能源的未来搭建了重要的桥梁。在过去十年里，研究人员对二氧化碳采油技术进行了广泛的实验室研究、数值模拟和油田应用。结果表明，这种强化采油技术能够将采油率再次提高 8% ~16%。综上所述，二氧化碳采油技术的应用，不仅实现了经济效益与社会效益的有机结合，还对社会经济的健康持续发展具有重要意义。

(二)国内应用情况

在国内，二氧化碳强化采油技术的优势已经显现。2007 年，中国石油化工集团在胜利油田进行了二氧化碳强化采油的先导试验。在高 89 – 1 区块的 5 口生产井中，采用聚合物驱采工艺时日产量为 32t，而采用二氧化碳驱采技术后，日产量提升至 42t。在高 89 – 9 区块，原本的产油量为每天 4. 5t，使用二氧化碳强化采油技术后，日产量增加到了 9t。此外，在注入二氧化碳的过程中，有 50% ~60% 的二氧化碳被封存于地下，其余部分则随采出水和油田产生的气体逸出地面。通过对这些逸出的二氧化碳进行捕获、回收再利用，不仅解决了二氧化碳排放问题，还提高了原油的回收率。

据报道，通过二氧化碳采油技术，每年可以减少超过 300 万 t 的二氧化碳排放，并且将原油回收率提高 10% ~15%。因此，这项技术在石油开采领域具有巨大的应用潜力。当前面临的主要挑战包括两个：首先，虽然煤燃烧产生的烟气是一个重要的二氧化碳来源，但如何有效地捕集、净化和运输二氧化碳成为一个难题；其次，二氧化碳驱采过程中产生的水质变化较大，如何处理这种副产物也是一个亟待解决的问题。然而，随着技术进步和规模扩大，预计这些问题将逐步得到解决，从而进一步降低成本并带来更多的经济与社会效益，为我国减少二氧化碳排放及提高石油回收效率做出更大贡献。

二、二氧化碳驱采出水的特性

尽管二氧化碳采油技术具有诸多优势，但它也带来了一系列挑战。油田采出水的水质特性因采用该技术而发生了显著变化。二氧化碳驱采法所产生的废水中含有大量溶解性二氧化碳及硫化氢等气体，导致水体 pH 值降低，不仅加剧了油田设备腐蚀与结垢问题，还使得传统的废水处理方法难以满足此类特殊废水达标处理的要求。例如，在胜利油田正理庄地区实施的二氧化碳驱采项目中，废水中二氧化碳浓度达到 250mg/L，这直接导致了采出水呈现酸性状态并增加了腐蚀程度；同样地，在美国 Little Creek 油田开展的一项二氧化碳驱油试验中，由于未采取有效措施控制由二氧化碳引起的腐蚀作用，结果发现油井套管的腐蚀速率高达 12.7mm/a。因此，在进行二氧化碳驱采出水处理时，必须同时考虑到如何有效地管理和减少其中的二氧化碳含量。

在干燥状态下，二氧化碳对钢铁设备不具有腐蚀性。然而，在潮湿环境下或当其溶解于水中时，二氧化碳会与水反应生成碳酸，进而电离出氢离子，导致采出水的 pH 值降低而对钢铁设备具有腐蚀性。值得注意的是，在相同的 pH 值条件下，这种由二氧化碳引起的腐蚀作用甚至比强酸更为严重，从而使得油田中的金属设备在短时间内迅速遭受腐蚀而报废。因此，解决二氧化碳采油过程中产生的废水对设备的腐蚀问题变得尤为紧迫。

近年来，国内外针对二氧化碳驱采出水的腐蚀问题进行了广泛研究，并积累了丰富的经验。例如，目前广泛应用的缓蚀剂和耐腐蚀材料已在加拿大 Weyburn 油田和美国 Paradis 油田中得到了成功应用。然而，这项技术的实施效果与二氧化碳驱采系统的工况条件密切相关，且国外油田采出液的含水率相对较低。因此，从经济性和实用性角度出发，针对胜利油田采出液的水质特性及当前二氧化碳强化采油规模现状，开展专项防腐技术研究显得尤为重要。此外，尽管使用耐腐蚀材料和缓蚀剂可以在一定程度上缓解设备腐蚀问题，但水中溶解的二氧化碳仍然存在于二氧化碳驱采出水中；如果不对这些溶解性二氧化碳进行处理，则在处理后的水回用或回注过程中仍可能带来潜在危害。

通过深入研究二氧化碳驱采出水处理的关键技术，优化含二氧化碳采出水处理工艺，减少二氧化碳对回注设备的腐蚀性影响，将为大规模推广二氧化碳采油技术提供坚实的技术支持。

三、二氧化碳驱采出水处理

油田二氧化碳驱采出水的处理方法主要包括化学技术和工艺技术。当前，主要采用的是化学技术，涉及采出水缓蚀和水质改性两个方面。至于工艺技术，则涵盖了电解法、脱气膜技术、超重力分离以及气提等方法。尽管这些工艺在处理油田二氧化碳驱采出水方面展现出一定的潜力，但它们在实际的油田水处理中应用并不广泛，目前仍处于开发阶段。

(一) 化学技术

1. 采出水缓蚀技术

采出水缓蚀技术就是向采出水中加入缓蚀剂，通过在金属表面上吸附成膜，使金属与腐蚀介质隔离，起到抑制腐蚀的作用，通常用缓释率来表述缓蚀效果，缓蚀率的计算公式为：

$$P=\frac{V_0-V}{V_0}\times 100\%$$

式中 P——缓蚀率；

V_0，V——未加缓蚀剂与加缓蚀剂的腐蚀速率，mm/a。

缓蚀剂重要的考察指标是：缓蚀率（50mg/L）≥70%，缓蚀剂的筛选标准：SY/T

5273—2014《油田采出水处理用缓蚀剂性能指标及评价方法》。

油田采出水常用的缓蚀剂包括：①咪唑啉及其衍生物；②酰胺及其衍生物；③氮杂环类化合物；④脂肪胺盐类化合物。这些缓蚀剂的效果通常较为显著。例如，缓蚀剂SLCI－3在单家寺稠油热采采出液处理中的应用，使得处理系统的均匀腐蚀速率从0.272～0.674mm/a降至0.017～0.038mm/a，满足了采出水回注的标准。然而，单一缓蚀剂的使用可能性较小，目前倾向于采用有机和无机缓蚀剂的混合物。例如，Ostroff的专利无机混合缓蚀剂，即采用椰子油酸胺经环氧乙烷缩合后，再加入一定量的聚磷酸盐作为油田注水的抑制剂，可防止含质量浓度为100mg/L的H_2S和饱和CO_2盐水的腐蚀，缓蚀率可达90%。尽管如此，缓蚀剂仅能在一定程度上保护金属管壁，并不能去除采出水中的腐蚀性气体或消除引起腐蚀的因素，因而无法从根本上解决腐蚀问题。

2. 水质改性技术

水质改性技术着眼于采出水的本质特性，通过向含油采出水中添加pH值调整剂，将弱酸性水转变为碱性水。在碱性环境下，金属表面会形成钝化层，从而起到防腐蚀的作用。实施该技术后，不仅能够去除采出水中的CO_2和H_2S等酸性溶解气体，还能显著降低其他指标如含油量、硫酸盐还原菌及悬浮物含量，是处理油田采出水中腐蚀性气体并减少腐蚀的一种高效化学方法。常用的水质改性剂包括Na_2CO_3以及NaOH等。以中国石化华东分公司草舍油田为例，在采用二氧化碳驱油技术时，其采出水pH值在5.5～6.5，且CO_2含量远超标准水平，导致管道腐蚀速率高达3.078mm/a。应用水质改性技术之后，采出水pH值提升至9～10，腐蚀速率则降至0.049mm/a，满足了回注要求。然而，值得注意的是，虽然此法有效，但同时也增加了$CaSO_4$与$CaCO_3$结垢的风险，因此还需额外添加阻垢剂来维持水质稳定，这无疑增加了成本开支。尽管化学方法控制溶解气体造成的腐蚀过程相对简便易行，但由于不同药剂间可能存在相互作用，使得最终效果难以预测。通过对药剂组合进行优化设计，在不更换现有材料的前提下，既能提高防腐成效，又能保证水质稳定性，同时还能节省25%～30%的药剂费用。

（二）工艺技术

1. 电解工艺

通过电解盐水，可以生成Cl_2、次氯酸等氧化性物质以及OH^-。这些物质能够有效氧化水中的H_2S等还原性物质，并中和CO_2等酸性物质，从而达到去除水中H_2S及CO_2的目的。在电解过程中，阳极上发生反应使Cl^-被氧化生成Cl_2；而在阴极，则发生H_2O被还原成OH^-和H_2的过程。随后，OH^-与Na^+结合形成NaOH。整个电解过程的总反应方程式如下：

阳极：

$$2Cl^- \longrightarrow Cl_2 + 2e^-$$

阴极：

$$2H_2O + 2e^- \longrightarrow H_2 + 2OH^-$$

$$2NaCl + 2H_2O \longrightarrow 2NaOH + Cl_2\uparrow + H_2\uparrow$$

尽管这项技术能够有效地去除 H_2S 和 CO_2，但控制氧化还原反应的平衡却颇具挑战性，通常会导致过多的 Cl_2 和次氯酸等强氧化剂残留，进而引发二次腐蚀。此外，该过程还伴随着较高的电能消耗，使得整体成本显著增加。

2. 脱气膜工艺

脱气膜工艺基于其疏水性和透气性原理，即在特定条件下允许气体通过而阻止液体通过的特性来实现脱气。当工作液流经疏水性脱气膜一侧时，在膜的另一侧施加负压以形成真空环境，从而建立了气－液两相间的压力梯度，这是传质过程的主要驱动力。根据亨利定律，气体在液体中的溶解度与该气体的分压成正比（$P = HX$，其中 P 代表气体分压，H 为亨利常数，X 表示达到平衡状态时溶于液体中的组分浓度）。如果接触水表面的某种气体分压发生变化，则相应地，该气体在水中的溶解度也会随之增减。因此，在存在压力差的情况下，如 O_2、CO_2、H_2S 及 SO_2 等溶解性气体将从高浓度区域（即液体侧）向低浓度区域（即抽真空侧）迁移，进而被移除。由于中空纤维膜具有较大的表面积且能充分接触水分，使得它成为理想的脱气材料之一。常见的中空纤维膜材料包括聚 4－甲基戊烯－1 和改性聚丙烯。

脱气膜工艺在去除溶解气体方面表现出色，但在油田采出水处理的应用中面临诸多挑战。首先，油田采出水的水质复杂、温度高、pH 值偏低，且含有较多的油分和杂质。这些因素导致长时间运行后，膜的透水通量显著下降，进而引发膜污染问题。这不仅影响膜的稳定运行，还缩短了膜的使用寿命。其次，清洗过程烦琐，即使经过清洗再生，膜的处理效果也难以恢复至使用前的水平。此外，针对不同性质的含油采出水，处理效果的一致性以及处理工艺的经济性仍需进一步研究和验证。因此，目前膜技术在油田采出水处理领域的应用尚未普及，仍主要处于实验室研究和现场中试阶段。

3. 超重力工艺

超重力工艺的核心原理是利用在超重力环境下多相流系统所展现出的独特流动特性，来增强不同相之间的相对运动速度及接触效率，从而促进高效的质量传递、热量交换以及化学反应。实现超重力的方法主要是通过旋转整个装置或其组件以产生离心力场；而该技术主要应用于气－固两相体系和气－液两相体系中。

超重力旋转床（RPB）作为超重力脱除采出水中溶解气体工艺的核心设备，是一种高效的气液传质机械。在 RPB 的机壳内，气体与水通过旋转的填料充分接触，使得 H_2S 和 CO_2 等气体从水中转移到气体中并被带走，从而达到抑制腐蚀的目的。

超重力技术具有设备体积小、重量轻、脱除气体效果好、运行费用低等优点，但其缺点是使用能耗量大且维护难度大。虽然在基础理论研究方面取得了一定的成果，但尚需进一步深入研究。因此，目前超重力技术处于应用开发阶段，其应用潜力还有待进一步挖掘。

4. 气提工艺

气提工艺是一种利用气液平衡原理来处理溶解于水中的气体的方法。在气提过程中，采出水与气体在专门设计的设备中接触，通过不断排出气体，调整气相中的浓度，使其始终保持低于该条件下的平衡浓度。这样，废水中的溶解气体便持续转入气相，从而达到净化废水的目的。

影响气提工艺处理效果的主要因素包括温度、压力和气液比。具体来说，提高温度或降低压力会降低气体在液体中的溶解度，因此，增温和减压可以提高气提工艺的处理效率。同时，增加气液比也有助于提升去除效果。然而，需要注意的是，增温、减压以及增大气液比虽然能改善处理效果，但也会导致成本上升，因此实际操作时还需根据具体情况权衡考虑。

气提工艺的核心设备是气提塔，主要包括填料塔和筛板塔两种。在这两种类型的塔内，废水从顶部喷洒而下，而空气则从底部引入。随着废水与空气在塔内进行逆流接触，废水中的气体被有效地提取出来，最终经过处理后的废水从塔底排出，而含有可回收成分的气体则从塔顶释放，供进一步回收利用。由于占地面积较小且对有害气体具有良好的去除效果，气提技术已经在工业上得到了广泛应用。图 8－10 为典型的气提工艺流程。

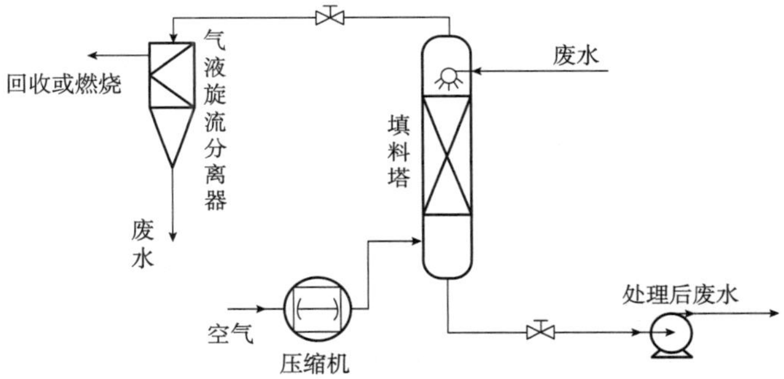

图 8－10　典型气提工艺流程

由于油田采出水中的 H_2S 主要以 S^{2-} 形式存在，为了彻底去除 H_2S，必须在加药罐中添加酸以调节采出水的 pH 值 <6，从而将采出水中的 S^{2-} 完全转化为 H_2S。气提塔可以在常压下运行，其材质宜选用耐腐蚀性强的塑料。油田采出水一般温度较高，有助于提高溶解气体的去除效率。若此工艺应用于工业生产，为降低成本，需增设 N_2 回收装置以实现 N_2 的循环利用。同时，在中和罐中回收的 H_2S 和 CO_2 可被进一步加工成 Na_2S 及 Na_2CO_3 等化学品。该处理工艺具有处理量大、运营成本低、操作简便且灵活性高的特点，是去除油田采出水中溶解性气体的有效方法之一。与其他采出水处理工艺相比（表 8－7），该工艺展现出了明显的优势。

表 8－7　采出水溶解气体去除工艺比较

工艺	去除效果/应用条件/运行经济	应用现状
电解工艺	处理效果差，对采出水预处理要求低，电解过程不易控制，产生附加腐蚀物质，电能消耗高	在其他污水处理行业已工业应用
脱气膜工艺	处理效果好，对采出水预处理要求高，膜容易污染，清洗困难，操作弹性小，投资较高	实验室研究和中试阶段

续表

工艺	去除效果/应用条件/运行经济	应用现状
超重力工艺	处理效果好，设备占地小，运行费用低，采出水预处理要求较高，用气量大，维护难度大	应用开发阶段
气提工艺	处理效果好，投资少，运行费用低，对采出水无预处理要求，操作弹性大	在石化行业已经工业应用

第五节　高矿化度采出水的生化处理工艺

一、微生物降解机理

生化处理技术利用微生物的新陈代谢过程，将分散在水中的原油和有机物降解为无机物。具体而言，微生物在有石油烃类(作为碳源)、营养元素(如氮、磷等)以及氧气的条件下进行培养反应，最终生成微生物的增殖、二氧化碳、水及一些中间产物。

在利用生化处理技术进行采出水处理时，需要根据采出水中的具体水质特性选择合适的降解菌群，并通过有效的培养方法为这些菌群提供适宜的生长环境。严格控制它们在不同生长阶段的停留时间至关重要。在此过程中，部分溶解性有机物可作为有机养料被菌群通过其细胞壁吸收；而一些固体有机物则会吸附到菌群细胞表面，随后菌群内部分泌出一种降解酶来分解这些物质，再将其转化为简单的无机物。研究表明，在采出水处理过程中使用的专性菌具有较高的繁殖率和较强的竞争优势，能够在与其他微生物的竞争中逐渐形成具有独特优势的降解菌群，同时其自身的抗毒能力也在不断增强。微生物降解机理如图8－11所示。

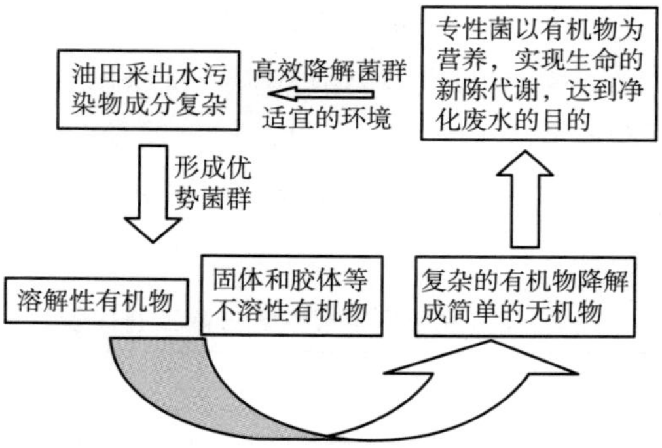

图8－11　微生物降解机理

烷烃是油田采出水中有机物的主要成分。在酶的作用下，烷烃分子末端的碳原子受到攻击而发生氧化，最初生成醇，随后通过醛阶段转化为酸。接着，酸经过β氧化途径和三羧酸(TCA)循环，最终转化为二氧化碳和水。这一降解过程可表示如下：

$$R—CH_2—CH_3 \xrightarrow{[O]} R—CH_2—CH_2OH \xrightarrow{-2H} R—CH_2—CHO \xrightarrow{-2H+HOH}$$

$$R—CH_2—COOH \xrightarrow{\beta\text{氧化 TCA 循环}} CO_2 + H_2O$$

二、生化处理技术

(一)概念

生化处理技术以往主要应用于城市生活污水和一般工业废水的处理。然而，由于油田采出水具有高油含量、高矿化度以及复杂的水质成分，导致其可生化性较差，这使得普通微生物难以存活。随着微生物技术的不断进步，科学家们已经成功培养并筛选出了能够适应不同油田采出水环境的特定微生物菌群，这些菌群现已广泛应用于油田采出水的外排或回注处理过程中。通过利用这些特殊微生物，可以有效地分解水中的石油类物质，并将其转化为二氧化碳和水，同时还能合成富含有机物的微生物群体。在此过程中产生的多余生物污泥会在沉淀池中被分离出来，从而确保从净化后的采出水中去除所有杂质。

生化处理系统主要由以下几个部分组成：采出水预处理池、菌群降解池、油田采出水抽取泵、菌群投放装置、药剂投放装置和循环泵。采出水预处理池主要用于存储油田采出水，并调节水质水量，预存时间通常维持在 8h 左右。菌群降解池一般设置两个，并以串联方式运行，其中填充了促进微生物生长的特殊物质，以帮助微生物在填料上形成生物膜并正常生长。此外，在预处理池底部安装有曝气系统，该系统使用空气作为气源，以增强微生物的代谢活动。

(二)典型工艺

1. 接触氧化法

接触氧化法是一种介于活性污泥法与生物滤池法之间的生物膜法工艺。其特点是在反应池内设置填料，通过池底曝气对采出水进行充氧，并使池体内的采出水保持流动状态，以确保采出水与填料充分接触。该方法无污泥回流，具有高效节能、耐冲击负荷和运行管理方便等特点。在处理过程中，微生物主要以生物膜的形式附着在填料上，同时，部分絮状体或破碎的生物膜悬浮于处理水中。所用的微生物以好氧菌群为主，包括细菌、丝状菌和真菌。

2. “生物膜”法

“生物膜”法处理技术的核心特点是生化池中的填料表面被一层特殊的污泥覆盖。这层污泥并非普通意义上的污泥，而是富含数以千万计的细菌、原生动物及后生动物等微型生物群落形成的生物性污泥。由于其呈现薄膜状特征，因此得名“生物膜”。在溶解氧充足且食物供应丰富的条件下，微生物能够迅速繁殖，导致生物膜逐渐增厚。通过扩散作用，溶解氧与采出水中的有机物得以被生物膜内的微生物利用。然而，当生物膜达到一定厚度时，氧气难以穿透至内层，使得好氧菌因缺氧而死亡；此时，兼性厌氧菌和严格厌氧菌开始在内层繁殖，形成厌氧层，并以死去的好氧菌作为营养源继续发展下去。随着时间推移，这些微生物的数量会有所减少，同时产生的代谢气体也会导致部分生物膜脱落。一旦某块区域的生物膜脱落，新的生物膜便会在同一位置生长起来。在接触氧化池中，因为填料具有较大的比表面积，所以可以发现处于不同发展阶段的生物膜共存现象，从而保证了对有机污染物去除效率的稳定性。此外，立体结构的生物膜有助于维持系统整体的处理性能。当采出水流经这样构建起来的生物膜时，其中可溶性的有机污染物以及油脂将被微生物吸收并转化为无害物质，从而实现水质净化的目的。

三、微生物生长繁殖的影响因素及其控制措施

(一)营养源

基质的组成涵盖了多种营养物质，包括碳、氮、磷等基础元素，以及铁、锌、锰等必需的微量元素。此外，它还包含了酚类、苯类等有机化合物，甚至一些重金属离子。对于采出水中缺失的氮和磷等关键营养元素，可以通过添加相应的营养剂来补充。

(二)环境类影响因素

(1)温度：用于采出水处理的微生物最适宜的生长温度一般在20～30℃。如果温度过低或过高，微生物的活性会降低，直接影响水处理效果。当采出水的温度过高时，通常采用冷却塔或自然降温等方式控制温度。为了防止冬季温度过低，反应池设有保温房并采取采暖措施。

(2)pH值：活性污泥系统中微生物最适宜的pH值范围是6.5～8.5，一般采出水的pH值都在此范围内。

(3)溶解氧：好氧生物需要充足的O_2才能正常生长繁殖。如果采出水中的溶解氧含量低于0.2mg/L，绝大部分好氧菌将停止呼吸。实际运行中，微生物反应器内的溶解氧保持在约2mg/L。工程上一般通过鼓风或曝气机为池内供氧，以满足微生物的需求。

四、运行与维护

(一)运行

(1)在启动油田采出水处理系统之前，必须将处理池内的温度控制在24～30℃，以满足系统正常运行的温度要求。随后，通过池内的加热系统进行处理，有效减少昼夜温差对降解池进水温度的影响，确保整个油田采出水处理工作的顺利进行。

(2)在采出水处理过程中，氧化池中的采出水通常含有较多的杂质和其他悬浮物。然而，由于降解池底部一般没有设置专门的排污管道，这会导致大量杂质在池底积累。因此，冬季需要对这些杂质进行定期清理。

(3)微生物菌群降解池的使用时间通常为每年的4—11月。到了11月以后，氧化池表面会出现结冰现象，在此期间不会有新的油田采出水投入氧化池。尽管如此，针对冰层以下的采出水，其内部的微生物菌群仍会进行小范围的降解活动。在此期间，工作人员需向氧化池内补充微生物菌群及相应的营养试剂，并定期添加新鲜水，以维护氧化池内微生物菌群的降解活性。

（二）维护

（1）每月定期向氧化池中投放微生物菌群以及适合微生物生长的营养制剂。

（2）定期检查采出水处理设备的运行状况，对设备内部的关键零部件进行定时清理和检修。如果发现较大的运行质量问题，需要及时停止设备运行，并进行系统的维修。

（3）针对氧化池底部所淤积的杂质，应安排维修人员进行定期清理。

针对油田开采过程中产生的采出水，制定的采出水处理工艺也日益完善。然而，随着油田采出混合液体的成分日益复杂，相应的采出水处理工作难度也随之增加。现阶段对采出水处理的指标要求极高，因此需要不断完善现有的采出水处理技术，特别是要加强生化处理技术的改革与优化，并将其应用于当前的油田采出水处理工作中，以切实实现对油田采出水的高效处理。

参考文献

[1]国家能源局 . SY/T 5329—2022 碎屑岩油藏注水水质指标技术要求及分析方法[S]. 2022.

[2]中原油田 . Q/SH1025 1058—2019 油田开发注水水质指标及分析方法[S]. 2019.

[3]中国石油化工集团公司 . Q/SH 0583—2014 油田回注水水质检测评价方法[S]. 2014.

[4]国家能源局 . SY/T 5523—2016 油田水分析方法[S]. 2016.

[5]金熙，项成林，齐冬子 . 工业水处理技术问答[M]. 4 版 . 北京：化学工业出版社，2010.

[6]刘德绪 . 油田污水处理工程[M]. 北京：石油工业出版社，2001.

[7]王青涛 . 油田污水处理站运行与管理[M]. 4 版 . 北京：中国石化出版社，2013.

[8]王学刚，王光辉 . 水处理工程(下册)[M]. 北京：中国环境出版社，2015.

[9]白润英，肖作义，宋蕾 . 水处理新技术、新工艺与设备[M]. 北京：化学工业出版社，2012.

[10]孙志涛，李军，王秀杰，等 . 磁混凝技术在水处理领域中的研究与应用进展[J]. 水处理技术，2023，49(7)：7－12.

[11]刘志鹏 . 磁混凝沉淀工艺在污水处理行业的应用[J]. 当代化工研究，2021，(24)：98－100.

[12]荆飞 . 磁混凝沉淀技术在污水处理工艺提标改造中的运用分析[J]. 皮革制作与环保科技，2023，4(5)：5－7.

[13]俞峰 . 磁混凝沉淀技术在污水处理工艺提标中的应用研究[J]. 皮革制作与环保科技，2022，3(17)：22－24.

[14]周曼莉 . 磁混凝沉淀技术在污水处理中的应用[J]. 环境与发展，2019，31(8)：88，90.

[15]刘大伟 . 磁混凝沉淀技术在污水处理中的应用[J]. 皮革制作与环保科技，2022，3(20)：10－12.

[16]刘海燕 . 磁混凝技术在工业污水处理中的应用[J]. 中国资源综合利用，2022，40(2)：202－204.

[17]邱敬贤，刘君，黄献 . 磁混凝技术在水处理中的研究进展[J]. 再生资源与循环经济，2018，11(10)：40－44.

[18]周雨珺，吉庆华，胡承志，等 . 电化学氧化水处理技术研究进展[J]. 土木与环境工程学报(中英文)，2022，44(3)：104－118.

[19]金丹萍 . 电化学氧化技术在污水回用中的应用研究[D]. 南京：南京航空航天大学，2008.

[20]沈敏 . 电化学氧化水处理技术研究进展[J]. 山西化工，2022，42(3)：52－53.

[21]闫兴富 . 电化学预氧化技术在胜利油田采出水处理中的应用分析[J]. 中国石油大学胜利学院学报，2019，33(4)：30－34.

[22]张宏奇 . 微生物－电催化氧化组合工艺处理油田采出水[J]. 水处理技术，2018，44(1)：107－109，113.

[23]祝海涛 . 电絮凝集成技术及应用研究进展[J]. 水处理技术，2023，49(9)：7－10，33.

[24]苏虹竹，刘洋，任雅楠，等 . 电絮凝技术处理废水应用现状及其影响因素研究[J]. 绿色环保建材，2018(8)：66，68.

[25]陆天友 . 电絮凝技术处理水中典型污染物的研究进展[J]. 中国资源综合利用，2023，41(2)：113－115.

[26]刘杨，李玉星，蒋文明，等．电絮凝技术处理油田污水的影响因素实验研究[J]．湖南大学学报(自然科学版)，2017，44(12)：142－149.
[27]彭思伟，薛侨，刘康乐，等．电絮凝技术在水处理领域的研究进展[J]．煤炭与化工，2020，43(3)：133－137，144.
[28]叶陶灵，吴淑琰，韩立扬，等．电絮凝技术在水处理中的应用和发展[J]．山东化工，2019，48(16)：92－95.
[29]潘小翠．电絮凝技术在油田污水处理中的应用[J]．石化技术，2016，23(12)：94.
[30]戴常超，陈大宏，刘峻峰，等．强化电絮凝技术的基础、现状和未来展望[J]．工业水处理，2022，42(1)：1－14.
[31]周杰，宋小三，王三反．水处理电絮凝技术的研究进展与挑战[J]．化工进展，2020，39(S2)：329－335.
[32]李默．二氧化碳驱采出水汽提脱碳技术研究[D]．哈尔滨：哈尔滨工业大学，2014.
[33]王红丽，史常平，熊显忠，等．二氧化碳驱采出水前端撬装式预处理技术在卫42－43断块的研究与应用[C]//2017全国油气田水处理与回用及注水技术推广交流研讨会论文集．2017：170－176.
[34]熊显忠，宋红峰，任贺一，等．濮城油田沙一油藏二氧化碳驱采出水处理技术的探索与应用[C]//2019全国油气田、炼化行业污水污泥处理处置及油田注水技术推广交流研讨会论文集．2019：73－77.
[35]丛林．曝气法处理二氧化碳驱采出水的试验研究[J]．油气田地面工程，2021，40(2)：47－50.
[36]刘国宇．气提法处理高含 CO_2 油田采出水的试验研究[J]．工业用水与废水，2016，47(3)：16－21.
[37]肖雪莉，尚红超，袁伟红，等．循环气提法处理二氧化碳驱采出水试验研究[J]．油气田地面工程，2024，43(8)：62－67，73.
[38]陈小清，李宝宝，罗志鹏，等．油区腐蚀及防护技术研究进展[J]．辽宁化工，2011，40(9)：956－958.
[39]曲虎，马梓涵，管善峰，等．油田采出水中溶解性气体的腐蚀与防护[J]．环境科技，2011，24(2)：65－69.
[40]陆恬奕，李宇，徐瑞，等．高级氧化技术水处理研究进展[J]．当代化工，2021，50(5)：1257－1260.
[41]李凡修，陆晓华，梅平，等．高级氧化技术用于油田废水处理的研究进展[J]．油田化学，2006，(2)：188－192.
[42]宫怡凡．高级氧化技术在水处理过程中的应用进展[J]．西部皮革，2020，42(16)：4－6.
[43]朱松梅．高级氧化技术在水处理中的研究进展[J]．资源节约与环保，2023，(1)：67－70.
[44]郑祎琳．高级氧化技术在油田水处理中的应用[J]．化学工程与装备，2020(6)：130－131.
[45]陈玲玲．浅析水处理中高级氧化技术的应用[J]．科技风，2020，(14)：185.
[46]赵丽红，聂飞．水处理高级氧化技术研究进展[J]．科学技术与工程，2019，19(19)：1－9.
[47]阚连宝，齐晗兵，崔红梅．油田水处理中的典型高级氧化技术[J]．油气田地面工程，2006(10)：23.
[48]武文静，杨萍萍，邓俊．高矿化度稠油采出水处理实验[J]．油气田环境保护，2018，28(5)：17－21，60－61.
[49]严忠，倪丰平，周鹤，等．高矿化度稠油采出水外排生物处理技术应用研究[J]．石油与天然气化工，2020，49(5)：124－130.

[50]杨萍萍，石志杰，罗春林，等．高矿化度油田采出水生物处理技术[J]．油气田地面工程，2012，31(11)：61－62.
[51]潘新建，朱立明，王金玉，等．高矿化度油田采出水危害性分析[J]．油气田环境保护，2013，23(2)：10－13，68.
[52]习向东，刘小洲，李冲，等．生化处理技术在油田高矿化度采出水处理中的应用[J]．石油规划设计，2013，24(1)：44－47.
[53]邱雪．生化处理技术在油田污水处理工程中的应用[J]．油气田环境保护，2018，28(5)：26－28，61.
[54]邓波，祝威．生化法处理高温、高盐油田采出水[J]．中国给水排水，2003(4)：76－78.
[55]刘清云，张斌，熊新民，等．塔里木油田高矿化度采出水处理技术研究与应用[J]．石油天然气学报，2011，33(3)：155－158，170.
[56]向忠远，李文宏，刘蕾，等．油田高矿化度采出水生化处理机理与先导试验[C]//中国采油工程技术及油田化学技术交流会论文集．2011：42－48.
[57]谢珍，曹建坤，向忠远，等．长庆高矿化度采出水生化处理可行性研究[C]//中国油气田钻采与水处理应用化学技术研讨会论文集．2009：33－36.
[58]谢珍，曹建坤，向忠远．长庆油田高矿化度采出水生化处理可行性研究[J]．油田化学，2010，27(1)：38－42.

后　　记

在油田教材编制委员会统一领导下，组织编写了《油田企业强“三基”实战型培训系列教材》，本书是其中一本。在油田生产运行管理部组织协调下，本书经水务分公司等单位多名专家一年多的艰苦努力，终于成稿付印。

本书共分八章，主要包括油田采出水的基本情况、中原油田采用的注水标准和检验方法、除油技术、混凝、沉降技术、过滤、药剂投加技术、自动化控制技术和新技术新方法等重要内容。其中，第一章由李石权、张三辉、陈真真、毕胜编写，第二章由杨中明、刘凤艳、张瑞华、黄梅编写，第三章由李庭森、曹梦阳、孙文敬编写，第四章由李维涛、王万锡、郭旭、初瑞光编写，第五章由苏三宝、张乐、陈英、周红萍编写，第六章由郭建伟、郑程阳、李远远、杜青峰编写，第七章由张献军、赵建刚、毕胜、李国宏、王文利编写，第八章由薛松松、王万锡、李昕潼、梁作栋编写。冯逍、尚红超、董玉斌统稿，李中超对终稿做最后审定。

本书编写过程中，广泛吸收了行业内专家同仁的意见和建议，杨彩梅、张三辉、瞿定祥、刘凤艳、刘二喜、欧天雄、李庭森等专家、技术骨干和技能操作能手为本教材编审贡献了智慧、付出了辛勤劳动，编审工作还得到了党委组织部(人力资源部)、生产运行管理部、油田党校(培训中心)等单位(部门)的大力支持和帮助，在此一并表示感谢！

本书编写委员会

2025 年 5 月